科学出版社"十四五"普通高等教育本科规划教材

海洋智能土木工程

焦鹏程　贺治国　著

科学出版社

北　京

内 容 简 介

本书面向海洋土木工程行业领域信息智能化发展需求，围绕海洋土木工程信息智能化发展趋势，以监测感知和人工智能分析预警为重点技术展开，帮助学生了解材料、结构、环境间的作用机制，掌握监测、预警、反馈间的互馈机理，建立海洋土木工程全生命周期安全保障的完整知识体系。本书内容包括土木工程简介与回顾、功能材料与结构化材料、人工智能海洋土木工程应用、智能监测感知技术、海洋智能土木工程监测感知技术、海洋智能土木工程展望与愿景。

本书可作为高等学校土木工程及相关专业高年级本科生及研究生教材，也可供从事海洋土木工程研究的工程技术人员参考使用。

图书在版编目（CIP）数据

海洋智能土木工程 / 焦鹏程，贺治国著. -- 北京 ：科学出版社，2024. 7. --（科学出版社"十四五"普通高等教育本科规划教材）. -- ISBN 978-7-03-079172-6

Ⅰ. P754

中国国家版本馆 CIP 数据核字第 2024AA0960 号

责任编辑：邓　静 / 责任校对：王　瑞
责任印制：师艳茹 / 封面设计：东方人华

科 学 出 版 社 出版

北京东黄城根北街 16 号
邮政编码：100717
http://www.sciencep.com

三河市骏杰印刷有限公司印刷

科学出版社发行　各地新华书店经销

*

2024 年 7 月第 一 版　　开本：787×1092　1/16
2024 年 7 月第一次印刷　　印张：11 1/2
字数：300 000

定价：69.00 元
（如有印装质量问题，我社负责调换）

前　言

信息智能化是土木工程的重要发展方向。随着党的十八大提出的海洋强国国家战略的实施，土木工程整体行业在包括海洋等众多专业领域飞速发展，党的二十大报告中也提到："发展海洋经济，保护海洋生态环境，加快建设海洋强国。"我国急需既精通土木工程专业技术方法，又熟练掌握海洋等多领域知识的复合型人才。然而，现有土木工程教材，大多聚焦于传统设计方法及基于现有规范的评估方法，需要从土木工程信息智能化入手，综合分析海洋强国战略背景下，新型监测感知技术对传统土木工程的升级赋能，也需要从智能城市角度引入先进信息技术与理念。因此，本书瞄准国家战略，面向土木工程行业领域信息智能化发展需求，针对海洋强国战略下土木工程专业教材建设需求，为土木工程专业高年级本科生和研究生提供全面的知识框架，培养交叉复合型专业人才。

本书共6章，针对海洋智能土木工程相关内容展开，目标明确、重点突出。第1章为土木工程简介与回顾，重点介绍材料力学与结构力学、水工钢结构与水工钢筋混凝土、海洋环境对土木工程的影响等；第2章为功能材料与结构化材料，重点介绍新型功能材料、以力学超材料为代表的超材料、新型结构化材料等；第3章为人工智能海洋土木工程应用，重点介绍人工智能常用的基本算法、海洋土木工程人工智能技术、人工智能的海洋土木工程应用实例等；第4章为智能监测感知技术，重点介绍常见的智能监测感知技术、贴片式应变监测感知技术、位移与加速度监测感知技术、多技术耦合组网监测系统等；第5章为海洋智能土木工程监测感知技术，重点介绍智能监测感知传感器组网监测技术、监测数据实时分析处理与评估技术、跨域全生命周期一体化监测感知系统等；第6章为海洋智能土木工程展望与愿景，重点介绍监测传感器、数据传输与处理技术的技术瓶颈与发展趋势、数据时代海洋土木工程信息智能化、海洋智能土木工程与智慧海洋等。

本书由浙江大学海洋学院海洋工程监测感知与防灾减灾团队撰写完成。其中，焦鹏程拟定全书的组织结构和框架，并撰写第2、3、4、5章；贺治国撰写第1、6章。本书最后由贺治国统稿，焦鹏程定稿。作者感谢团队研究生在写作过程中的帮助，包括李文焘、张皓、张辰杰、王佳骏、陈兆昌、马洪宽、洪鹭琴、叶星宏、黎圣泉、杨朋、马众泽、付建扬。

本书相关内容得到国家重点研发计划项目（2023YFC3008100）、浙江省重点研发计划项目（2021C03180、2021C03181）的资助。本书的出版得到浙江省课程思政教学项目、浙江大学本科教材建设项目、浙江大学专业学位核心课程建设项目、浙江大学本科生和研究生教育研究课题的资助。

希望本书能为海洋土木工程相关专业的研究生、高年级本科生提供帮助。鉴于作者的水平和能力有限，书中难免有不妥之处，恳请读者指正。

焦鹏程

2024 年 1 月 12 日

于浙江大学启真湖畔

目　　录

第1章 土木工程简介与回顾

本章重点介绍工程力学、水工结构物、海洋环境三方面的基本内容，具体包括材料力学与结构力学基本知识、水工钢结构与水工钢筋混凝土结构、海洋环境对土木工程的影响。其中，第一部分重点介绍材料力学和结构力学的基本任务与基本内容、材料的力学性能、应力应变分析与强度理论、结构的几何构造分析、结构力学的分析方法以及影响线等。第二部分重点介绍水工钢结构和水工钢筋混凝土结构的基本特点与发展概况、力学性能、设计内容和设计方法等。第三部分重点介绍海洋环境中的风、波浪、潮汐、海流和海冰等的典型特征及其对土木工程的影响，并总结海洋土木工程的基本特点。

1.1 材料力学基本知识

1.1.1 材料力学的基本任务与基本内容

材料力学是研究各类梁、轴、杆等结构构件在各种外力（如拉伸、压缩、剪切、扭转等）作用下的应力应变效果、强度刚度、稳定性和破坏极限等力学行为的学科。材料力学通常将工程或机械基础构件简化为一维构件，通过分析构件中应力应变等对稳定程度和强度的影响，据此在特定荷载作用下选择适合的材料、截面形式和大小。因此，构件能达到最优强度（抗破坏力）、刚度（抗变形）、稳定性（维持原来的均衡），从而获得具有最佳安全性和经济性的优化设计。

1. 对材料力学研究对象的条件假设

在材料力学中，通常会对研究对象进行以下几种假设：
（1）连续性假设，该假设是指研究对象中充分蕴含着构成固体的基质；
（2）均匀性假设，该假设是指研究对象的任意部分的力学性能完全一致；
（3）各向同性假设，该假设是指研究对象内部沿任意方向具有完全相同的力学性能。

2. 材料力学的研究工作和关键问题

材料力学的研究工作主要包括两个方面：一方面是研究材料本身在拉伸、压缩等标准实验下的力学性能，其关键问题是明确材料的弹性、塑性、硬度、抗冲击能力等，从而为工程设计中的材料选用提供参考；另一方面就是研究分析构件在荷载作用下的力学响应，其关键问题是根据构件的受力以及变形的情况，把其划分为几个主要类型，如拉杆、压杆、受弯梁等，杆内力又分为轴力、剪力、扭转力和弯矩力。

3. 构件受力分析的三类关键问题

在分析具体构件受力问题时，根据材料构件变形情况和力学性质的相异之处，存在以下三类关键问题。

（1）线弹性问题。这一类问题的主要特征是构件的变形量很少，而且其材质符合胡克定律，所有的方程式都是线性的。解决这一类的问题可以使用叠加原理，即按顺序求出各种外力对构件的内力或变形的具体幅度，再将其线性叠加，从而得出这个构件在各种外力作用下所产生的变形或内力。

（2）几何非线性问题。这类问题的特点是构件发生较大幅度的变形，但材料仍然服从胡克定律，由于无法从几何结构的大变形特征出发进行研究和解析，所以力与变形间产生非线性的相关性。

（3）物理非线性问题。这类问题的最主要特点是材料自身内力与变形（如应力和应变）在函数上呈现非线性关系。对于这类非线性问题，可以考虑使用卡氏第一定理、克罗蒂-恩盖塞定理、单位荷载法等进行分析。

除此之外，许多工程结构面临着复杂的荷载形式和自然环境，如在循环荷载条件下出现结构疲劳破坏，在长周期恒载条件下出现材料蠕变破坏，在高速动态荷载作用下出现永久性冲切破坏等。因此，研究材料力学时要进一步对抗疲劳特性、抗冲击性能等进行分析。

1.1.2　材料力学中的基本概念

1. 外力

对于材料力学所研究的构件而言，外力是指其他构件或外部环境作用于构件上的力，主要包括外荷载与约束反力。外荷载按照其作用形式，可分成表面力（如水平推力、机械咬合力等）和体积力（如重力、惯性力等）。针对表面力，按照其在构件表面分布特点的不同可划分为分布力和集中力。按照荷载随时间的变化特征，荷载可分为静荷载（如构件自重、土体压力等）和动荷载（如内燃机连杆、机器飞轮等）。约束反力根据其约束类型的不同可以归纳为柔性约束反力、刚性约束反力、铰链约束反力和固定端约束反力。其中，铰链约束类型分为固定铰链约束、滑动铰链约束和中间铰链约束。

2. 内力与截面法

从材料学的角度来看，内力是指物体在受到外力的作用时，其内部各部分之间因空间位置的变化而产生的相互作用力。构件的强度大小、刚度强弱以及稳定性的高低都和其内力大小与内部分布有很大的关系。值得注意的是，物体是由微观粒子构成的，当不受外力作用时，构件内既已存在相互作用力，因此，在受到外部力量的影响下，内力是指上述相互作用力的变化量，也就是"附加内力"。

截面法是用于求解构件某一截面内力的常用方法。具体而言，是将构件假想地切分为两部分以显示切面内力，通过建立平衡方程进而确定内力。它是分析构件内力的基本方法，如图 1-1 所示。

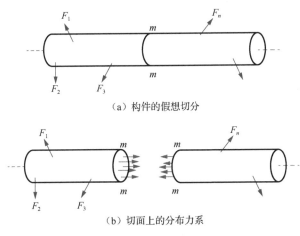

（a）构件的假想切分

（b）切面上的分布力系

图 1-1 截面法内力求解示意图

3. 应力和应变

构件的内力沿截面连续分布，为描述其具体的分布情况，引入应力的概念，即内力分布集度。从图 1-2（a）可以看出，横断面 m-m 上 k 处的总应力 p 为平均应力的极值，即

$$p = \lim_{\Delta A \to 0} \frac{\Delta F}{\Delta A} \tag{1-1}$$

式中，总应力 p 可以沿法向与切线分解，沿横断面法向的应力分量称为正应力，用 σ 表示；沿横断面切向的应力分量称为切应力，用 τ 来表示，如图 1-2（b）所示。显然，有

$$p^2 = \sigma^2 + \tau^2 \tag{1-2}$$

在国际单位制中，应力的单位为帕斯卡（Pa），普遍采用的单位为兆帕（MPa）。如图 1-2（c）所示，对于一个微元体，在互相垂直的截面上，垂直于截面相交线段的切应力数值完全一致，方向都朝向或背离该相交线段，称为切应力互等定理。

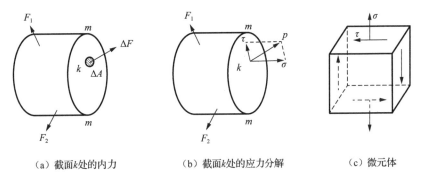

（a）截面 k 处的内力   （b）截面 k 处的应力分解   （c）微元体

图 1-2 应力基本概念示意图

构件的整体变形，是各微元体局部变形的组合宏观表现，而微元体局部变形可用正应变和切应变度量。对一个单元体进行分析，如图 1-3 所示，构件受力后，单元体棱边长度 ka 和相邻棱边之间的夹角 γ 均发生变化，设 ka 原长为 Δs，变形后长度为 $\Delta s + \Delta u$，则 Δu

与 Δs 的比值称为棱边 ka 的平均正应变,用 ε_{aV} 表示,即

$$\varepsilon_{aV=}\frac{\Delta u}{\Delta s}\qquad(1\text{-}3)$$

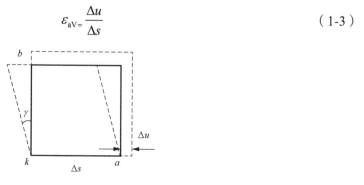

图 1-3　应变基本概念示意图

为精确描述 k 点的变形情况,选取无限小的微元体分析,所得平均正应变的极限值称为 k 点处沿棱边 ka 方向的正应变,用 ε 表示,即

$$\varepsilon=\lim_{\Delta s\to 0}\frac{\Delta u}{\Delta s}\qquad(1\text{-}4)$$

在相邻于微元体的棱边上的一个夹角变量称为切应变,用 γ 来表示,单位是 rad。

4. 胡克定律

在构件单向受力实验中,材料沿正应力 σ 的作用方向发生正应变 ε,在一定的正应力范围内,正应力和正应变成正比关系,引入一个比例常数——弹性模量 E,最后得出了胡克定律,即

$$\sigma=E\varepsilon\qquad(1\text{-}5)$$

在构件纯剪切实验中,材料在切应力 τ 的作用下发生切应变 γ,在一定的切应力范围内,切应力与切应变成正比关系,引入一个比例常数——切变模量 G,最后得出了剪切胡克定律,即

$$\tau=G\gamma\qquad(1\text{-}6)$$

实验表明,对于工程或机械结构中的大多数材料,在一定的应力范围内,均符合或近似符合胡克定律与剪切胡克定律。弹性模量 E 和切变模量 G 均属于材料的力学性能,由标准实验测定,常用单位为 GPa。

1.1.3　材料的力学性能

1. 材料拉伸时的力学性能

材料的力学性能可通过标准化、规范化的实验流程测量标定。研究材料力学性能的最基本、最常用的基础实验方法是拉伸实验,其中最为常用的是沿材料试样中心轴线加载的单轴拉伸实验。通过对标准的材料试样进行力学加载实验,获得拉力 F 与拉伸变形 Δl 间的关系曲线,称为试样的力-伸长曲线,再将拉力 F 除以试样横截面面积 A,将拉伸变形 Δl

除以试样原长 l，从而将试样的力-伸长曲线转化为横截面应力 σ 与轴向应变 ε 的关系曲线，称为材料的应力-应变图，用以表征材料的力学性能。

低碳钢是指含碳量小于 0.3%的碳素钢，其作为建筑物、桥梁、船舶、起重机、塔和车辆等建造物中的结构材料得到了广泛应用。其中，Q235 型低碳钢的综合性能表现优良，在工程实际中得到了广泛应用。图 1-4 为 Q235 型低碳钢的实验应力-应变图。

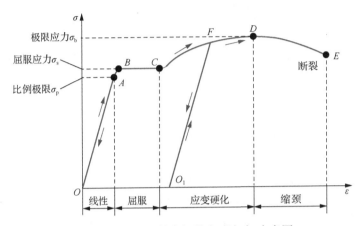

图 1-4　Q235 型低碳钢的实验应力-应变图

在拉伸线性的这个时期内，应力-应变曲线是一条直线（OA 段），材料遵循胡克定律，OA 段的末端点 A 对应的正应力被定义为该材料的比例极限 σ_p，胡克定律中材料的弹性模量 E 与直线 OA 的斜率在数值上相等。超过比例极限后，材料的应力-应变曲线不再保持线性变化特征而表现出强非线性变化特征，材料出现屈服现象，即应力虽然不增大（或在微小范围内波动），但变形幅度却急速增长（BC 段）。使材料出现屈服的正应力，称为材料的屈服应力或屈服极限 σ_s，材料屈服时试样表层会出现与轴线近似 45° 的滑移线。在经由 BC 段的屈服期大应变后，材料开始在应变上表现出硬化特征，再次表现出能够承受继续变形的能力，应力-应变曲线的最高峰值 D 处的正应力就是强度极限 σ_b 或者极限应力。此后随着应力继续增长，试样某一局部发生显著收缩，产生缩颈现象，试样进一步伸长，最后在点 E 处发生断裂[1]。

实验结果还表明：若在应力值低于弹性极限时停止加载并将荷载逐步降低至零，在卸载阶段，应力-应变曲线将会沿着 OA 方向返回 O 的位置，试样变形全部消失，属于弹性变形。若在应力值超出弹性极限时停止加载并将荷载逐步降低至零，例如，在硬化阶段某一点 F 处卸荷，其卸载阶段的应力-应变关系按图 1-4 中 FO_1 变化，这条线与 OA 近似于平行，试样变形的一部分随之消失，此时存在塑性变形或残余变形。在这两种卸载过程中，应力和应变按直线规律变化，这也称为卸载定律。

试样拉断后的伸长率和截面收缩率被用以定量地描述材料的塑性或韧性。伸长率 δ 的定义为

$$\delta = \frac{l_1 - l_0}{l_0} \times 100\% \tag{1-7}$$

式中，l_0 是原始标距；l_1 是断后标距。

断面收缩率 ψ 用来衡量材料在断裂时所产生的缩颈量，被定义为

$$\psi = \frac{A_0 - A_1}{A_0} \times 100\% \qquad (1\text{-}8)$$

式中，A_0 是原始截面面积；A_1 是断口截面的最终面积。

伸长率偏大（如 $\delta \geqslant 5\%$）的材料，称作塑性材料，如结构钢和铝合金等；伸长率偏小的材料，称作脆性材料，如素混凝土、花岗岩、铸铁等。对于拉伸实验中屈服阶段表现并不明显的塑性材料，可以采用偏移法确定一个假想的屈服应力，即选取卸载后会产生 0.2%的残余应变的实验点的应力作为屈服应力，也称作偏移屈服应力，用 $\sigma_{0.2}$ 表示。

2. 材料压缩时的力学性能

采用标准压缩实验对试件进行抗压能力测试，通常采用短粗型的圆筒试样。对于低碳钢等塑性材料，在屈服之前压缩实验的应力-应变曲线与拉伸实验的曲线基本一致。因此，压缩实验的屈服应力和弹性模量与拉伸实验所测得的结果相同。随着压力不断增大，低碳钢试样将被压扁。对于铸铁等脆性材料，压缩强度极限远高于拉伸强度极限（为 3～4 倍），因而脆性材料适合做承压构件。压缩破坏的端口方位角为 55°～60°，破坏方式是剪断。同时，实验表明温度对材料力学性能也有显著影响。总的趋势是温度越高，材料的强度、弹性常数 E 和 G 越低。

1.1.4 应力应变分析与强度理论

针对杆件变形的常规形式，即轴向拉压、扭转和弯曲，运用基本公式可以计算出杆件中不同位置点处横截面的应力。例如，梁中的应力由弯曲公式和剪切公式给出，轴中的应力由扭转公式给出。就杆件内部某一点而言，其不同方位的截面上的应力是不同的。因此需要研究通过杆件内部某一点的不同截面上的应力应变，这便是应力应变分析的内容。构件内某点的应力（应变）状态是指该点处所有截面的应力（应变）总况或集合。

1. 平面应力状态分析与莫尔圆

图 1-5 展示了平面应力状态下微元体的分析方法。由图 1-5（a）可见，微元体仅在空间中某两个方向上存在应力分量，即所有应力分量均处于同一个平面内，将这种应力状态称为平面应力状态，同样地，平面应变状态则指微元体的所有应变分量在同一个平面内的状态。如图 1-5（b）所示，通过对微元体任意斜截面进行截面法分析建立平衡方程，可得到平面应力状态下斜截面应力的一般公式，为

$$\sigma_\alpha = \frac{\sigma_x + \sigma_y}{2} + \frac{\sigma_x - \sigma_y}{2}\cos2\alpha - \tau_x\sin2\alpha \qquad (1\text{-}9)$$

$$\tau_\alpha = \frac{\sigma_x - \sigma_y}{2}\sin2\alpha + \tau_x\cos2\alpha \qquad (1\text{-}10)$$

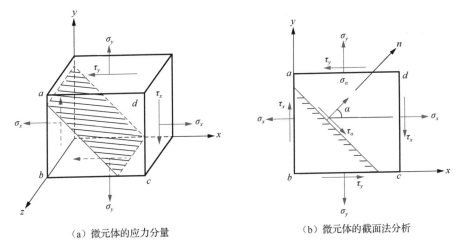

（a）微元体的应力分量 　　　　　（b）微元体的截面法分析

图 1-5　微元体的平面应力状态分析

平面应力状态可采用如图 1-6 所示的应力圆或莫尔圆进行应力分析。由式（1-9）和式（1-10）经过一系列变形推导后，可得到莫尔圆方程，为

$$\left(\sigma_\alpha - \frac{\sigma_x + \sigma_y}{2}\right)^2 + \left(\tau_\alpha - 0\right)^2 = \left(\frac{\sigma_x - \sigma_y}{2}\right)^2 + \tau_x^2 \qquad （1\text{-}11）$$

在莫尔圆中能够得出正应力和切应力的最值分别是

$$\left.\begin{array}{c}\sigma_{max}\\ \sigma_{min}\end{array}\right\} = \overline{OC} \pm \overline{CA} = \frac{\sigma_x + \sigma_y}{2} \pm \sqrt{\left(\frac{\sigma_x - \sigma_y}{2}\right)^2 + \tau_x^2} \qquad （1\text{-}12）$$

$$\left.\begin{array}{c}\tau_{max}\\ \tau_{min}\end{array}\right\} = \pm \overline{CK} = \pm \sqrt{\left(\frac{\sigma_x - \sigma_y}{2}\right)^2 + \tau_x^2} \qquad （1\text{-}13）$$

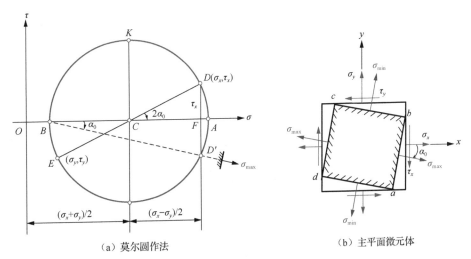

（a）莫尔圆作法 　　　　　（b）主平面微元体

图 1-6　平面应力状态分析莫尔圆

如图 1-6（b）所示，截面 ab、bc、cd 与 da 的切应力为零，称为主平面。此外，该微元体前后两面由于不受力同样属于主平面。由三对互相垂直的主平面组成的微元体，称作主平面微元体。主平面上正应力称为主应力，按其代数值依次用 σ_1、σ_2、σ_3 表示，可写为 $\sigma_1 \geqslant \sigma_2 \geqslant \sigma_3$。上述分析仅是针对平面应力状态展开的，但可以证明，对于复杂应力状态的微元体同样存在主平面微元体[1]。

2. 平面应变状态分析

平面应变状态是指构件内部某一点的变形只出现在同一个平面内。运用微分几何方法，可得到微元体任意方位的正应变和切应变，分别为

$$\varepsilon_\alpha = \frac{\varepsilon_x + \varepsilon_y}{2} + \frac{\varepsilon_x - \varepsilon_y}{2}\cos2\alpha - \frac{\gamma_{xy}}{2}\sin2\alpha \tag{1-14}$$

$$\frac{\gamma_\alpha}{2} = \frac{\varepsilon_x - \varepsilon_y}{2}\sin2\alpha + \frac{\gamma_{xy}}{2}\cos2\alpha \tag{1-15}$$

对于平面应变公式，同样可绘制出应变圆或应变莫尔圆，如图 1-7 所示，其应变莫尔圆方程为

$$\left(\varepsilon_\alpha - \frac{\varepsilon_x + \varepsilon_y}{2}\right)^2 + \left(\frac{\gamma_\alpha}{2} - 0\right)^2 = \left(\frac{\varepsilon_x - \varepsilon_y}{2}\right)^2 + \left(\frac{\gamma_{xy}}{2}\right)^2 \tag{1-16}$$

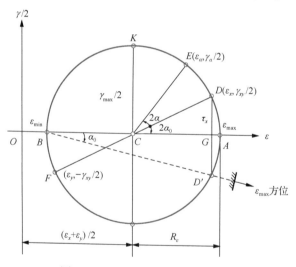

图 1-7 平面应变状态分析莫尔圆

从应变莫尔圆中可以看出正应变和切应变的最值分别是

$$\left.\begin{array}{r}\varepsilon_{\max}\\\varepsilon_{\min}\end{array}\right\} = \overline{OC} \pm \overline{CA} = \frac{1}{2}\left[\varepsilon_x + \varepsilon_y \pm \sqrt{\left(\varepsilon_x - \varepsilon_y\right)^2 + \gamma_{xy}^2}\right] \tag{1-17}$$

$$\gamma_{\max} = \varepsilon_A - \varepsilon_B = \sqrt{\left(\varepsilon_x - \varepsilon_y\right)^2 + \gamma_{xy}^2} \tag{1-18}$$

3. 强度理论

静荷载条件下材料强度的失效形式主要为断裂或屈服。强度理论是针对材料破坏或失效规律的假说或学说。对于素混凝土、砖石、铸铁等脆性材料，其破坏形式多为脆性断裂，因而研究人员提出了以断裂为失效标志的最大拉应力强度理论和最大拉应变强度理论。对于低碳钢、铝、橡胶等塑性材料，通过对其塑性变形的深入研究和认识，研究人员提出了以屈服为失效标志的最大切应力强度理论和畸变能强度理论。除此之外，莫尔强度理论也是判断材料剪切破坏非常重要的强度理论之一。

1.2　结构力学基本知识

1.2.1　结构力学的基本任务和基本内容

结构力学是固体力学的重要分支，随着新型工程材料与结构的大量涌现，以及现代科技的迅速发展，结构力学得到极大进步。相应地，结构力学的快速发展也带动了其他相应学科的共同发展。材料力学与结构力学在研究对象上有差异，前者将单个构件作为主要研究对象，后者致力于研究构件组成的结构或系统。

结构力学的主要研究内容包括：结构的几何组成规律与体系可变性分析，结构在外部荷载、温度变化、基础沉降等各种效应作用下的剪力、弯矩、线位移、角位移等内力或位移响应分析，以及结构在时变荷载下的自振频率、振幅、周期等动力响应分析。结构力学的基本任务是根据力学基本原理研究工程结构（通常指建筑物和工程设施中用于承载和传递外荷载而起骨架作用的系统，如楼房梁架、水坝和闸门、公路桥隧、飞机受力骨架等）在外部荷载或其他作用效应下结构的受力性能、变形规律、强度和刚度、稳定性以及动力响应特性，为工程结构的设计工作提供分析方法和计算公式，并在一定程度上发展新型工程结构。

在工程实践中，结构力学的计算方法多种多样，主要包括力法、位移法、矩阵位移法、能量法、有限元方法等。所有方法都要考虑三类基本方程：平衡方程（受力平衡关系）、几何协调方程（变形与应变关系）、物理本构方程（应力与应变关系）。工程实际结构通常是相当复杂的，因此在对具体结构进行力学计算之前一般需要对构件、连接部件、材料性质和荷载进行必要的简化，得到适合分析计算的简化结构图。构件结构的计算简图通常可分为梁、杆、桁架、刚架以及组合结构[2]。

1.2.2　结构的几何构造分析

对于结构体能否承受外部荷载，首先，要确定其是否属于几何不变体系，这也是结构几何构造分析的主要目的。其次，结构的构造分析也与内力分析密切相关。

1. 自由度和约束

一个结构体系在 m 维空间中的自由度 n 定义为该体系在该空间中独立运动方式的数

目，即该体系在该空间中具有独立改变、互不影响的坐标数目为 n。例如，一个刚性片（即平面刚体）在平面内有 3 个自由度（x、y、θ 可以独立地改变），在空间中有 6 个自由度（x、y、z、θ、φ、ψ 可以独立地改变）。若一个体系的自由度大于零，则它一定是几何可变体系，无法作为结构承受外界荷载。

约束是指可以降低一个体系中的自由度数目的周边对象。例如，一个两端分别连接基础和梁的支杆相当于一个约束；一个连通两个物体的铰等同于两个约束；一个连通两个物体的刚性铰等同于三个约束。多余约束是指一个体系中不会使其自由度数目减少的约束，即该约束的有无不影响其自由度，体系的几何构造分析结果不会受到影响。图 1-8 展示了结构力学中约束与多余约束的概念。例如，在一个平面上，A 具有两个自由度，用两个非共线的 1、2 链杆把 A 与基础连接起来，那么 A 点就会丧失两个自由度而被固定住，如图 1-8（a）所示。因此链杆 1、2 均为非多余约束。

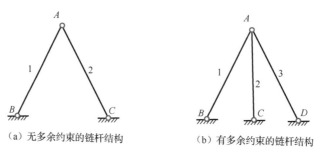

（a）无多余约束的链杆结构　　　　　　　（b）有多余约束的链杆结构

图 1-8　约束与多余约束的概念

从图 1-8（b）可以看出，A 和基础之间由三个非共线链杆 1、2、3 连接，而 A 仅是缺少了 2 个自由度。因此，可将这三根链杆中的某两根作为非多余约束，将另一根链杆作为多余约束。此时多余约束是一个相对而言的概念，即可以把三根链杆中的任何一根称为多余约束。非多余约束能够影响体系自由度，而多余约束不会对体系自由度产生影响。

对于一个构件体系，首先需要判定体系是否可变，即需确定体系自由度个数 S，这决定了它是否能作为结构体系承受外荷载，结构体系应是一个几何不变体系（$S=0$），其次需要判定体系有无多余约束，即需明确多余约束的个数 n，一个结构体系会根据有无多余约束划分为静定（$n=0$）和超静定（$n>0$）两大类。

2. 计算自由度 W

结构体系自由度个数 S 等于体系各部件在无约束条件下的自由度个数的总和 a 减去非多余约束的总个数 n。需要指出，在复杂结构的全部约束中，准确确定非多余约束的个数往往较为困难。为此，定义了结构体系计算自由度 W，即一个体系的计算自由度 W 等于体系各部件在无约束条件下的自由度个数总和 a 减去全部约束的总个数 d。计算自由度 W、自由度 S、多余约束 n 三者之间存在以下关系式：

$$S - W = n \tag{1-19}$$

式中，W、S、n 三者结合能够在一定程度上确定结构体系的几何构造特点，即

当 $W > 0$，则 $S > 0$，体系是几何可变的，无法用作结构；

当 $W = 0$，则 $S = n$，体系若不存在多余的约束，则为几何不变体系，即静定结构，若存在多余约束，则体系为几何可变体系；

当 $W < 0$，则 $n > 0$，体系包含多余约束，若体系为几何不变的，则为超静定结构。

3. 铰接三角形规律

铰接三角形规律是组成无多余约束的几何不变体系的基本组成规律，具有五种基本形式。通过多次应用铰接三角形规律，可以实现结构从局部到整体的装配、分析和逆设计。

规律 1：把不共线的三个点使用三个链杆分别连接起来，所形成的三角形体系是一个不存在多余约束的几何不变体系，如图 1-9（a）所示。

规律 2：把一个刚性片和一个节点使用两个不共线的链杆连接起来，所形成的三角形体系是一个不存在多余约束的几何不变体系，如图 1-9（b）所示。

规律 3：把两个刚性片用不共线的一个单铰和一个链杆连接起来，所形成的三角形体系是一个不存在多余约束的几何不变体系，如图 1-9（c）所示。

规律 4：把两个刚性片用三个不交于同一点的三个链杆进行互连，所形成的三角形体系是一个不存在多余约束的几何不变体系，如图 1-9（d）所示。

规律 5：把三个刚性片用三个不共线的单铰进行互连，所形成的三角形体系是一个不存在多余约束的几何不变体系，如图 1-9（e）所示。

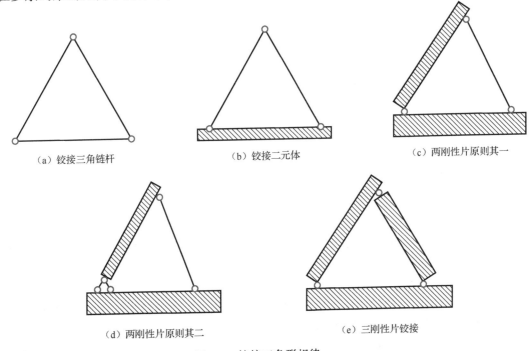

（a）铰接三角链杆　　　　（b）铰接二元体　　　　（c）两刚性片原则其一

（d）两刚性片原则其二　　　　　　（e）三刚性片铰接

图 1-9　铰接三角形规律

1.2.3　结构力学的分析方法

在结构力学体系中，结构可分为静定和超静定两类。其中，静定结构主要有两种分析方法：一是基于隔离体建立平衡方程的方法；二是基于虚功原理的虚设位移建立虚位移方程的方法。超静定结构的分析方法主要有力法、位移法、渐近法及基于有限元原理的矩阵位移法。静定结构的受力分析是最重要的基础性内容，其涉及的计算分析方法是进行结构位移计算和超静定结构分析的基础。

1. 静定结构分析

静定结构受力分析主要是通过建立力平衡方程，确定支座反作用力和构件内力，绘制结构内力分布图。求解静定结构支座约束力的基本方法是隔离体分析方法，其要点是：假想地将结构的约束截断，取出隔离体进行分析，将约束力暴露为作用在隔离体上的外力，然后建立力平衡方程求解约束力。如图 1-10 所示，隔离体的截取形式主要有节点、构件、微段单元和有限单元，在约束截断处的约束性质决定了相应约束力出现的类型和数目。以平面结构为例，截断一个链杆约束将会在杆端产生一个轴力，截断一个简单铰接约束将在铰点处产生两个约束力，建立平衡方程的数目等于隔离体的自由度个数。

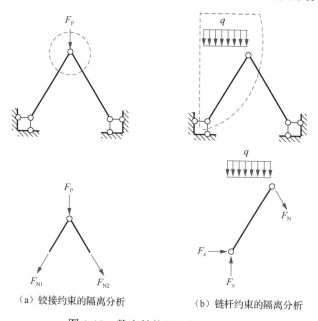

（a）铰接约束的隔离分析　　　　　　　　（b）链杆约束的隔离分析

图 1-10　静定结构隔离体分析方法

对于静定平面桁架结构，在节点荷载作用下构件只受轴力，处于无弯矩和无剪力状态，受力分析结果只列出桁架各杆的轴力值。对于静定梁和刚架结构，承受弯矩是它们的主要特点，因此受力分析结果包括弯矩 M 图、相应的剪力 F_Q 图和轴力 F_N 图。

对于静定结构的内力计算，还可采用虚功原理求解。刚体体系的虚功原理是指任意平衡力系在任意可能位移上所做的总虚功为零（虚功方程）。运用虚位移法求解是指借助虚功方程，对力系进行虚功分析以求出未知力。虚位移原理的分析对象是本身可发生刚体体系位移的结构。在用虚位移原理对静定结构约束反力进行分析时，应当假想地撤除待求约束反力对应的约束，使之成为一个可活动的机构，进而利用虚位移法求解，下面通过实例解释虚位移求解方法的基本思路。

如图 1-11（a）所示的悬臂静定梁，求解支座 A 的支反力 F_A 需首先撤除 F_A 相应的支

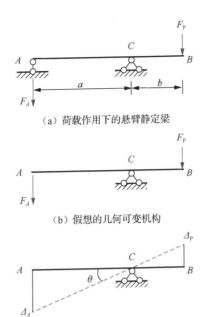

（a）荷载作用下的悬臂静定梁

（b）假想的几何可变机构

（c）机构在虚位移作用下的变形

图 1-11　静定结构虚位移求解方法

约束 A，把静定结构变为几何可变机构，如图 1-11（b）所示。其次，选取杠杆 AB 绕支座 C 的任意转角 θ 作为虚位移，建立虚功方程：

$$F_A \Delta_A + F_P \Delta_P = 0 \qquad （1\text{-}20）$$

将几何关系 $\Delta_A = a\theta$，$\Delta_P = -b\theta$，代入式（1-20），运算整理可求得

$$F_A = \frac{b}{a} F_P \qquad （1\text{-}21）$$

虚功原理可进一步划分为两类对称的原理：虚位移原理和虚力原理，其中虚位移原理用于力系平衡分析，虚力原理用于位移、变形几何分析。对于计算静态结构的位移量，可以运用虚力与叠加原理，推导出位移通用表达式：

$$\Delta = \sum \left(\bar{M}\kappa + \bar{F}_N\varepsilon + \bar{F}_Q\gamma_0 \right) d_s - \sum \bar{F}_{RK} c_K \qquad （1\text{-}22）$$

其中，κ、ε、γ_0 和 c_K 分别表示弯曲变形、轴向变形、剪切变形和支座位移；$\bar{M}$、$\bar{F}_N$、$\bar{F}_Q$ 和 $\bar{F}_{RK}$ 分别是虚设单位荷载在杆件截面引起的弯矩、轴力、剪力和支座反力。利用图乘法可以求出式（1-22）这类积分值的数值解（非精确解）。

2. 超静定结构分析

在理论计算上，超静定结构与静定结构最大的不同之处在于，静定结构的内力仅根据力的平衡条件即可解算，无须考虑结构的变形协调；超静定结构的内力求解需要综合考虑力系平衡和结构变形协调才可求解。超静定结构分析解算的基本方法包括力法和位移法，在这两种方法的基础上，又发展出渐近法、矩阵位移法等方法。

力法的求解要点在于选取静态结构作为基本结构，把多余约束当作基本未知量，根据变形协调条件构建力法基本方程并求解，进而将所解得的约束力作为外力，按静定结构解

算并绘制结构内力图。以图 1-12（a）所示刚架为例，该刚架结构为两次超静定结构。取 B 点两根支杆的约束反力 X_1 和 X_2 为基本未知量，其中基本体系如图 1-12（b）所示，相对应的基本结构如图 1-12（c）所示。依据多余约束处的变形条件，基本体系在 B 点沿 X_1 和 X_2 方向的位移应与原有结构一致（等于零），可建立基本方程：

$$\begin{cases} \Delta_1 = 0 \\ \Delta_2 = 0 \end{cases} \qquad (1\text{-}23)$$

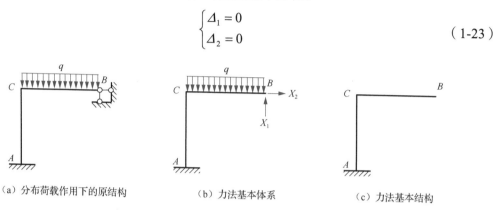

（a）分布荷载作用下的原结构　　　　（b）力法基本体系　　　　（c）力法基本结构

图 1-12　超静定刚架结构力法求解算例

在计算得到结构的弯矩图之后，在任意的静定结构上施加单位力，画出虚设弯矩图。结构上某点的位移等于原结构的弯矩图与单位力作用下的弯矩图的图乘结果。如果除荷载之外，还存在基础沉降、支座位移、温度变化等影响因素时，还要加上基本结构在这些因素的影响下引起的位移。

位移法的核心是在原结构上增添一个假想化的可控约束作为基本体系，用以控制结构的独立节点位移（即位移法的基本未知量），增添约束以后的假想结构称为位移法的基本结构，根据"假想化增添约束中所产生的总约束力为零"建立位移法基本方程并进行求解。以如图 1-13（a）所示超静定刚架为例解释位移法的计算步骤。该超静定刚架包括两个基本未知量：B 节点角度 Δ_1 以及 C 节点水平位移 Δ_2。图 1-13（b）为位移法的基本体系，在刚节点 B 处增添控制转角的附加刚臂，在节点 C 处增设控制水平位移的附加支座链杆。图 1-13（c）为位移法的基本结构。下面建立位移法求解的基本方程。

首先，通过控制附加约束（B 节点刚臂和 C 节点支座链杆）使节点位移（B 节点角度 Δ_1 和 C 节点水平位移 Δ_2）为零，从而实现该结构的理想化锁定，整体结构被分隔成多个构件（这些构件相互独立）。在荷载作用下可求出基本结构中的内力，此时附加约束中产生相应约束力矩 F_{1P} 和约束水平力 F_{2P}，如图 1-13（d）所示。

其次，控制附加约束使附加约束分别发生 B 节点角度 Δ_1 和 C 节点水平位移 Δ_2，如图 1-13（e）和（f）所示。若控制该位移与原结构的实际值相等，则约束力 F_1 和 F_2 将完全消失，得到如图 1-13（b）所示的基本体系，此时基本体系在形式上的附加约束已经失效，即基本体系在本质上是一种松弛的、与原来的结构相适应的一种状态。

基本体系转化为原结构的条件为：假想的基本结构在原荷载（均布力系 q）及真实节点位移 Δ_1（B 节点角度）和 Δ_2（C 节点水平位移）的综合作用下，在所增添的附加约束中所产生的总约束力 F_1 和 F_2 等于零，即

$$\begin{cases} F_1 = 0 \\ F_2 = 0 \end{cases} \qquad (1\text{-}24)$$

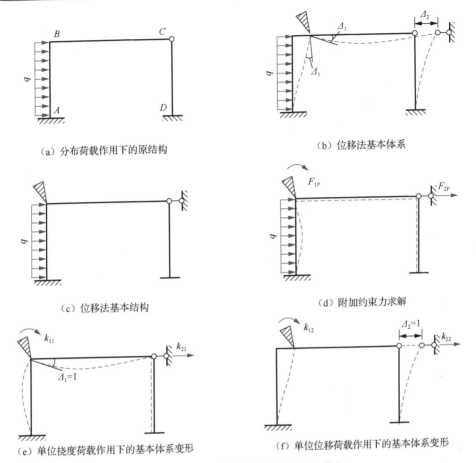

（a）分布荷载作用下的原结构　　　　　　（b）位移法基本体系

（c）位移法基本结构　　　　　　　　　（d）附加约束力求解

（e）单位挠度荷载作用下的基本体系变形　（f）单位位移荷载作用下的基本体系变形

图 1-13　超静定刚架结构位移法求解算例

　　式（1-24）为位移法的基本方程，基本体系中的总约束力 F_1 和 F_2 可采用叠加原理计算，可求得位移未知量并绘制结构的内力图。借助叠加原理和静定结构的位移计算，能够将变形条件展开，求得原结构的约束反力和内力，进而绘制原结构的弯矩图、剪力图和轴力图。

　　需要指出的是，无论采用力法还是位移法计算超静定刚架都需要建立求解典型方程，当基本未知量较多时求解过程非常繁重。自 20 世纪 30 年代以来，陆续出现了基于位移法的渐近求解方法，如力矩分配法、无剪力分配法、迭代法等，这些方法的共同特征在于不需要建立和求解典型方程，而选用逐次渐近的方式计算内力。这些方法的计算精度与计算轮次正相关，最终可收敛于精确解，这些方法很适合手算。随着 20 世纪 70 年代以后计算机的逐步推广，这类渐近求解方法逐渐失去了重要价值，另一类适合计算机要求的结构矩阵分析方法得到了快速的发展。

　　结构矩阵方法的基本理论与传统的力法和位移法并没有实质性的差异，仅仅是在处理手段上选用了更为适合计算机要求的矩阵这种数学工具。结构矩阵方法根据其所选基本未知量不同也发展了两种方法：矩阵位移法和矩阵力法，其中，矩阵位移法的计算过程相对简单并且具有很强的通用性，因此得到了普遍的应用。矩阵位移法包括两个阶段：单元分析阶段和整体分析阶段，其中单元分析阶段是将结构进行离散分割处理以得到有限个较小的单元，通过对易于计算的小单元进行内力-位移分析，建立单元的刚度矩阵（简称单刚矩阵）；整体分析阶段是将各个单元重新集合成原结构，并考虑单元与原结构之间的几何条件（如支座约束类型或节点变形状况）和平衡方程，建立整体结构的刚度方程并求解原结构在给定荷载条件下的内力、位移、变形等。

矩阵力法与矩阵位移法在基本求解思路上都是离散-整体的过程。但是二者在计算效率、计算精度、计算灵活性、应用范围上都有不同的特点。在计算效率上，矩阵力法在求解线性方程组时需要进行矩阵的逆运算，计算效率低于矩阵位移法；在计算精度上，矩阵位移法和矩阵力法没有本质区别，但是对于大型结构的处理，矩阵力法会出现数值误差累计的问题，从而影响精度；在计算灵活性上，矩阵位移法可以直接给出节点的位移向量，因此更加灵活，而矩阵力法只能给出节点的受力向量和反力向量，需要通过进一步计算才能得到节点的位移向量；在应用范围上，两种方法都适用于静态、线性结构体系的分析计算，而对于具有非线性特征或者动态特征的结构体系，通常采用矩阵位移法。综上所述，超静定结构的分析方法多种多样，在具体应用时，应当针对具体结构进行合理选用。

1.2.4 影响线

前面几节主要讨论了结构的内力计算，荷载作用位置是固定不变的。但一般的工程结构除了承载固定荷载以外，还必须承受移动的荷载，如桥要承受车辆的行驶负荷，起重机的横梁要承受起重机运行时的运动荷载等。在移动荷载的影响下，结构内部的反力和内力也会随着荷载的运动而发生改变。因此，在设计结构的过程中，需要对移动荷载状态下反力和内力的动态变化进行分析研究，计算出约束反力或特定截面内力的最不利荷载位置，从而求得约束反力或内力在移动荷载下的最大值。通常而言，工程实际中的移动荷载由大小各异、间隔不一、类型多样的竖向荷载组成，不便于逐一分析。因此，可以先研究一种最简单的移动荷载。当一个单位荷载 $F=1$ 沿着结构表面进行移动时，对该结构的某一量值（如某截面弯矩、某支座反力等）进行分析，得到反映该量值变化规律的曲线，该曲线称为结构的影响线[3]。

图 1-14 展示的是简支梁 AB，一个动荷载 F_P 在梁上移动，现探讨支座反力 F_{RB} 的变化情况。把 A 点作为坐标原点，当动荷载 F_P 在梁上任一位置 x（$0 \leqslant x \leqslant l$）时，利用力的平衡方程可求出支座反力 F_{RB} 为

$$F_{RB} = \frac{x}{l} F_P \quad (0 \leqslant x \leqslant l) \tag{1-25}$$

式中，比例系数 $\frac{x}{l}$ 称为 F_{RB} 的影响系数，用 $\overline{F}_{RB}$ 表示，即

$$\overline{F}_{RB} = \frac{x}{l} \quad (0 \leqslant x \leqslant l) \tag{1-26}$$

影响系数 $\overline{F}_{RB}$ 与 $F_P=1$ 时引发的支座反力 F_{RB} 在数值上是一致的。式（1-26）描述了影响系数 $\overline{F}_{RB}$ 与结构上荷载作用位置 x 之间的函数关系，该函数曲线即为结构支座反力 F_{RB} 的影响线。影响线还可以用来求解荷载作用下的约束力或结构内力，例如，当图 1-14 的梁上作用有吊车轮压力 F_{P1} 和 F_{P2} 时，此时支座反力 F_{RB} 应为

$$F_{RB} = F_{P1} y_1 + F_{P2} y_2 \qquad (1\text{-}27)$$

结构某一量值的影响线可以采用静力法或机动法求解，其中机动法较为快捷，为工程人员提供了方便。借助影响线可在各种荷载作用下，求得结构的最不利荷载位置、最大弯矩，以及绘制包络图等。

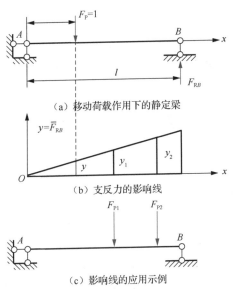

(a) 移动荷载作用下的静定梁

(b) 支反力的影响线

(c) 影响线的应用示例

图 1-14　结构影响线的基本概念

1.3　水工钢结构基本知识

1.3.1　钢结构的基本特点

在土木工程建筑物中，依据所用建筑材料的不同可以把建筑结构划分为砌体结构、钢结构、钢筋混凝土结构等。钢结构是指由钢构件组成的一种建筑结构，是工程中比较常见的一种类型，具有广泛的应用场景。组成钢结构的主要结构构件包括钢梁、钢柱等，各个构件之间通常使用焊缝、螺栓紧固等方式连接，结构表面通常采用镀锌、纯锰磷化、隔离涂层等方法进行防腐处理。

钢材材料具有众多优势。首先，钢材具有较大的强度、较高的弹性模量，且自重较轻。与钢筋混凝土或木料相比，在同等情况下钢结构的构件截面积更小，便于搬运和装配。因此，钢材更适用于建造如体育馆、电视塔或跨海大桥等重载、高耸、大跨度的建筑结构。其次，钢材的匀质性及各向同性较好，符合"理想弹性体"的基本假设，实测工作性能与理论推导和计算假设吻合较好，因此更为安全可靠。同时钢材的塑性、韧性好，能够发生较大的结构变形，更适合承受动力荷载。最后，钢材通常在工厂预制生产、工地现场组装，具有较高的生产效率。同时生产的成品具有较高的质量，使现场施工得以采用便捷高效、周期较短的装配方法。因此，基于钢材材料的钢结构是目前工业化水平最高的结构类型之一。钢结构各部件之间采用焊接方式可实现完全封闭，更加适合高压容器、大型油库或压力管道等工作环境对气密性、水密性要求高的工程结构物。钢结构拆除时钢材可以循环利用,基本不会产生建筑废料。

但是钢结构也有不足之处。首先,钢材的耐腐蚀性较差,在湿度大、存有腐蚀介质的环境中容易腐蚀。所以,钢构件外表面需要除锈并进行防腐处理,如镀锌、纯锰磷化等。其次,钢结构的耐火性较差。当温度在 200℃ 以下时,钢材材料的工作性能不会发生较大变化;当温度在 300~400℃ 时,钢材强度和弹性模量明显下降,失去正常的工作性能;当温度达到 600℃ 左右时,钢材强度趋向于零而发生结构破坏。工程上一般以 150℃ 作为钢结构防火设计的标准温度,对特定的消防安全建筑应选择耐火材料作为防护措施,以改善钢结构的耐火性。此外,钢结构在低温和其他情况下易于出现脆断等现象[4]。

1.3.2　钢结构的发展概况和应用

中华人民共和国成立以来,尤其是 20 世纪 80 年代以来,我国在钢结构的计算设计理论、构建加工制造、施工安装等领域发展迅速。钢结构在工业民用建筑、大跨径桥梁、水利水电、水运海运、海洋油气田开发、海上风电等工程中应用广泛。

在大跨径钢构桥梁方面,武汉长江大桥于 1957 年竣工,是我国首个铁路公路两用大桥,被誉为"万里长江第一桥";九江长江大桥于 1993 年竣工,是首个双层双线的公路铁路两用钢桁梁大桥,被誉为我国建桥历史上的第三座"里程碑"式的桥梁;巫山长江大桥于 2004 年竣工,其桥梁形式为中承式钢筋水泥双肋拱桥,创下了多个世界性的纪录;南京栖霞山长江大桥于 2012 年竣工,其主跨直径为 1418m,是我国第一个双塔三跨式悬索桥,如图 1-15 所示。

（a）武汉长江大桥

（b）九江长江大桥

（c）巫山长江大桥

（d）南京栖霞山长江大桥

图 1-15　国内大跨径桥梁领域钢结构建造实例

高层结构通常指横截面较小、高度较大的塔式、轨杆式结构,通常采用横向水平式风荷载作为基础进行设计。因为钢结构具有强度高、自重轻、运输安装方便的特点,被广泛应用于高耸结构中,电视塔、石油的钻井架等多是这种钢架的结构。

在海洋工程中,海上平台为采油、钻探、风电变压站等生产活动提供了重要支撑,这类结构主要承受平台上各种设施、设备或构筑物的静力荷载,以及风、浪、流、冰等动力荷载的耦合作用。由于钢材强度高、韧性好、抗震性能好及便于海上装配的优点，海上平台等结构也宜采用钢结构。

在公共建筑领域，钢结构由于其轻质、高强、耐腐蚀、整体刚性好、变形能力强等特点，广泛应用于大型工业厂房、体育场馆、剧院展馆、会议中心和办公大楼等。例如，2008年我国建成的国家体育场鸟巢，成为地标性的体育建筑和奥运遗产，它是世界上最大的钢结构体育场馆和世界上跨度最大的单体钢结构工程；2008年还建成了上海环球金融中心，该建筑采用了桁架、空间网壳、斜拉索等多样的钢结构形式；2009年建成了广州新电视塔，其塔高 600m，塔身为镂空的钢结构框架结构；2011年建成的深圳世界大学生运动会体育中心，首次采用了单层折面空间网络钢结构，其技术含量高、施工难度大，如图 1-16 所示。

（a）国家体育场鸟巢　　　　（b）深圳世界大学生运动会体育中心

（c）广州新电视塔　　　　　（d）上海环球金融中心

图 1-16　国内公共建筑领域钢结构建造实例

1.3.3　钢结构的发展方向

当前，钢结构的发展方向主要集中在高性能钢材研制、结构形式设计、连接方式优化、标准化制造技术提升等几个方面[5]。在高性能钢材方面，钢结构一般采用普通碳素结构钢。随着我国钢铁工业和冶金技术的蓬勃发展，可以通过控制钢材合金成分含量，实现强度更高、力学性能更优、抗腐耐磨性更好、耐低温能力更强的高性能低合金钢材。使用这类钢材，可以使得钢结构构件的截面尺寸大幅度减小，简化制造工艺、节约工时、便于运输安装，同时提高结构的使用寿命。例如，锰钢是一种较为常见的高强钢，适用于承受重复冲击荷载、挤推效应、磨损严重等严酷的工况条件。南京长江大桥、葛洲坝中的各类钢闸门采用了锰钢，九江长江大桥采用了锰钒氮钢。对于钢材的使用，也宜因地制宜、合理选择，对于由稳定性控制设计的构件宜采用较为经济的普通碳素钢（Q235 钢）；对于由强度控制设计的构件宜采用高强度低合金钢（如 Q345 钢、Q420 钢或 Q460 钢）。

在结构形式方面，针对不同的工程环境和荷载条件，应当合理选择结构形式。钢结构的形式主要有排架、框架、网架、刚架、穿拱，以及各类组合结构。例如，钢管混凝土结构是一种应用较为广泛的钢-混组合类型。在受压条件下，混凝土的抗压强度因受到钢管的环向约束进一步提高，同时管内混凝土也有助于提高钢管的抗压稳定性。因此，钢-混组合结构构件的承载能力、韧性塑性、工作性能都得到了优化提升。近年来，我国建造了很多钢管混凝土桥梁，如巫山长江大桥、湖北沪蓉西高速公路支井河特大桥、南宁永和大桥等。同时，预应力钢结构可以大幅节约钢材，具有一定发展前途，如在葛洲坝工程和三峡工程中，船闸人字钢闸门上均采用了预应力式门背斜拉杆，可有效预防门扇在水中旋转时产生过度的挠度和扭转变形。

在连接方式方面，钢结构通常采用焊缝连接、螺栓紧固、钢铆钉连接等方式。在钢结构制造、装配、加固和现场连接中多采用焊缝连接方式。通过改进焊接工艺（如采用二氧化碳气体保护焊、超声波焊、电渣焊等）可有效提高焊接质量，保证结构的可靠度。目前研究前沿是研发新型连接方式，例如，采用塑韧性较好的摩擦型高强度螺栓，避免焊接中存在的焊接应力残余和焊接变形等，同时安装迅速、承受动力荷载性能较好。

在标准化制造技术方面，装配式钢结构具有轻质高强、施工周期短、便于生产制造、可循环使用等特点，符合工程结构绿色、低碳的发展方向。然而，目前钢结构的装配式标准化程度尚待提高。一方面阻滞了钢构件的商品化和规模化供应，还不能有效地降低钢结构的经济成本，另一方面限制了通过标准化构件进行多样化和个性化的组合，无法满足不同用户的实际需求。因此，应当进一步提高机械化水平，实现构件的标准化制造，缩短工期、降低经济成本、提升生产效率，促进钢结构的产业化进程。

1.3.4 水工钢结构的设计方法

水工钢结构设计的主要目的是实现建筑结构的设计功能，满足经济性、实用性、安全性、耐用性、先进性等方面需求。水工钢结构主要包括大型钢闸、升船机、水闸、钢引桥等。在水工钢结构设计中，建筑结构所处自然条件复杂多变，荷载条件复杂多变（包括水文、泥沙、波浪等），相关统计资料不完善，导致在水工钢结构设计计算中需要考虑如何客观反映实际问题。因此，水工钢结构的设计计算不适宜选用概率极限状态法，而通常使用容许应力计算法[6,7]。

容许应力计算法是一种综合了经验和概率的极限状态设计方法，以结构的极限状态（强度、稳定、变形等）为依据，对各种影响因素进行数理统计，结合实际工程实践情况，开展多参数综合分析，最终确定以容许应力表达的设计方法。容许应力计算法的强度计算公式为

$$\sum N_i \leqslant \frac{f_y S}{K_1 K_2 K_3} = \frac{f_y S}{K} \tag{1-28}$$

$$\sigma = \frac{\sum N_i}{S} \leqslant \frac{f_y}{K} = [\sigma]$$

式中，N_i 为由标准荷载计算出的内力；f_y 为钢材的屈服强度；K_1 为荷载的安全系数；K_2 为钢材的强度安全系数；K_3 为调整系数，用以考虑结构重要性等级、荷载变异、复杂环境

等因素；S 为构件的几何特性；$[\sigma]$ 为钢材的容许应力。

水工钢结构的设计内容主要包括以下五个方面：

（1）按具体情况掌握必要的设计资料，包括工程结构物的用途、功能、设计水位、校核水位等；

（2）调查环境工程结构物面临的环境因素，包括风浪压力、泥沙状况、地基岩土构成、环境温度变动、地震频度等；

（3）明确建设过程中的材料供应、制造、运输、安装等施工条件；

（4）分析结构组成和水压力在结构上的传递途径，对结构进行合理的总体布置和结构选型；

（5）按规范设计计算结构的几何尺寸，以满足各项性能指标，同时做到安全适用、经济合理和良好的耐久性。

1.4　水工钢筋混凝土基本知识

1.4.1　钢筋混凝土结构的特点、应用和发展

钢筋具有较高的抗拉强度及较好的塑韧性，能够承受较大拉力。与之相反，混凝土具有较高的抗压强度（其抗拉强度为抗压强度的 $1/16 \sim 1/8$），但通常不抗拉。钢筋混凝土将这两种不同性能的材料合理结合，使钢筋的高抗拉性弥补了混凝土抗拉强度不足的缺点[4]。

1. 钢筋与混凝土可以配合服役的原因

尽管钢筋与混凝土的力学性质相差甚远，但它们却可以配合服役，原因如下：

（1）混凝土和钢筋之间有着极好的黏合，在载重作用下，两者可以作为一个整体协同变形，共同承受荷载；

（2）钢筋和混凝土的温度线膨胀系数比较靠近，当温度变动时，两者之间所发生的相对位移较小，对黏结效果影响不大；

（3）外部混凝土能够保护内部钢筋不易生锈，使其具备更好的耐久性。

2. 钢筋混凝土被普遍使用的原因

在海洋土木工程中，钢筋混凝土结构非常普遍，主要有下列几个方面的原因：

（1）合理借助两种材料各自的性能、取长补短，适时发挥各自优势，使之相结合形成强度更高、刚度更大的结构；

（2）钢混结构在耐久性、绝热和耐火等方面具有很好的性能，因为外部混凝土的包裹，火灾时内部钢筋难以快速达到软化温度，不易造成结构损坏，而且在潮湿环境下也不容易锈蚀，后期维护费用低；

（3）钢筋混凝土结构具备非常好的整体性，其抗击地震、振动和爆炸冲击波的性能优良；

（4）钢筋混凝土结构的施工易于就地取材，与钢结构相比，可以节约钢材，降低工程成本。

　　钢筋混凝结构的主要缺点是自重较大、抗裂性能较差、隔热和隔声性能不理想，现浇式结构的施工周期较长，易受气候条件限制。总的来说，钢筋混凝土结构在不断发展和完善，加上预应力结构的大力推进，这些缺点也在不断地得到改善。

3. 钢筋混凝土材料

　　随着我国的工业发展和科技革新，工程结构中所用混凝土和钢材的性能逐渐提升。目前国内常用的普通混凝土强度级别大多处于 C25～C40，预应力混凝土为 C40～C60。在钢筋混凝土结构中，国内普遍采用热轧钢筋以及低合金钢筋，其屈服强度为 $300～500\text{N/mm}^2$，一般采用直径较大的钢绞线、高强度钢丝等作为预应力钢-混结构中的钢材。然而，预应力钢筋在强度、延性、松弛特性、抗腐蚀等方面，有待于进一步发展提高。同时，混凝土有待于在高强度混凝土、轻骨料混凝土、多功能改性混凝土三方面发展。首先，高强度混凝土的使用，可以使构件的横截面尺寸变得更小，并有效降低结构自重，以满足发展高层结构和大跨重载结构的需要，其具体措施是合理利用优质掺和料和高效减水剂。其次，采用轻骨料混凝土可以大大减小结构自重，同时具有较好的抗震性能、保温性能和耐火性。我国自然轻骨料资源丰富多样，如浮石、火山渣等，此外借助工业废料做成粉煤灰陶粒可作为人造轻骨料，但在材料的强度方面，和国外相比还有一定差距，其工程应用的规模有待扩大，发展速度有待提高。最后，多功能改性混凝土是目前海内外热门的研究领域，特别针对混凝土低抗拉强度和延性差，可以在混凝土中添加各种纤维，如碳、钢、耐碱玻璃、聚合物等。例如，碳纤维混凝土结构具有显著的抗冲击性、较强的韧度等，树脂混凝土具有良好的耐腐蚀和耐冲刷特性，可满足化工、水工、海洋等工程中的功能需要。针对防渗、保温、防辐射的特殊功能性混凝土也正在研究之中。

4. 钢筋混凝土结构

　　钢筋混凝土的主要结构形式有框架结构、剪力墙结构、筒体及组合结构等。在民用居住建筑中，通常采用多层小开间砖混结构、大开间大柱网框架结构、板块结构体系，拥有良好的灵活性，也能够依据用户需求来对空间进行适当的分隔。单层工业厂房中，常采用预制装配式的单跨或多跨排架结构体系，标准化和系列化程度高。高层和大跨空间结构中，一般采用筒体结构、框架-剪力墙结构、组合网架结构等。高速铁路桥梁等方面，主要采用钢筋混凝土结构以及预应力混凝土结构。钢筋混凝土结构的应用领域非常广泛，包括大容量的水池、压力管道、海上石油开采平台等。未来的钢筋混凝土结构应当大力推进工业化进程、装配式施工、标准化设计制造，探索研究在高层建筑、大跨径桥梁、海洋、地下及防护工程中的新型结构设计和计算分析方法。

5. 钢筋混凝土全生命周期演化

　　当前，钢筋混凝土结构全生命周期演化逐渐成为世界各地研究的热点。在施工环节，应当从自然环境保护、人体保护角度出发选择各种建筑材料，根据材料使用部位差异及强度、抗渗、抗冻融、耐久性等指标，选用合适的高性能外加剂，有效改善混凝土的和易性、抗渗性、抗冻融性、耐久性等性能，达到节约材料、减少污染、降低成本的目的。在使用和维护阶段，应当在设计和施工阶段预估使用年限和耐久性，提出分阶段治理维护方案，同时应当在建筑物服役过程中定期检修、维护保养、合规改造和升级等。在废物利用方面，在拆除结构中产生的预制构件（如过梁、挑梁、圈梁、构造柱等）可利用颚式破碎机、反击式破碎机和移动式破碎机进行不同尺寸的切割，用于场地铺设、坡道砌筑、填充道路、填充地基等工程场景。对于无法使用的混凝土构件废料，需要分类集中实施破碎，最后可应用于再生混凝土骨料方面。

1.4.2　钢筋混凝土结构的力学性能

钢筋混凝土结构的力学性能与钢筋和混凝土这两种材料的力学性能及结构相互作用息息相关。

1. 钢筋力学性能

钢筋混凝土结构中的钢筋通常可划分成软钢和硬钢两大类别。在拉伸实验中，软钢具备显著的屈服特性，硬钢则不具备显著的屈服特性。软钢属于低、中等强度钢筋，蕴含较好的塑性性能，伸长率较大。同时软钢破坏前有突出的预兆，属塑性破坏，一般用于钢筋混凝土结构（如 HRB 系列普通热轧带肋钢筋、HRBF 系列细晶粒带肋钢筋等）。硬钢属于高强度钢筋，其塑性性能较差，伸长率较小。硬钢在破坏前缺乏预兆，属脆性破坏，大多用于预应力钢筋混凝土结构（如钢绞线、消除应力的钢丝等）。在理论上，描述钢筋的应力-应变关系的模型包括双直线模型、三折线模型、双斜线模型等。

双直线模型适用于伸长率较大、强度较低的软钢。如图 1-17（a）所示，第 Ⅰ 阶段 OA 为理想弹性阶段，A 点应力 f_y 为屈服强度，一般相当于实测曲线的屈服下限，E_s 为弹性模量。第 Ⅱ 阶段 AB 为理想塑性阶段，B 点相当于实测曲线应力强化阶段的起点。双直线模型属性为理想弹塑性，其计算公式为

$$当 \varepsilon_s \leqslant \varepsilon_y 时，\qquad \sigma_s = E_s \varepsilon_s \tag{1-29-1}$$

$$当 \varepsilon_y < \varepsilon_s \leqslant \varepsilon_{sh} 时，\qquad \sigma_s = f_y \tag{1-29-2}$$

式中，弹性模量为 $E_s = \dfrac{f_y}{\varepsilon_y}$。

三折线模型适用于伸长率较小的软钢。如图 1-17（b）所示，OAB 段与双直线模型相同。第 Ⅲ 阶段 BC 为钢筋的硬化阶段，过 B 点之后，认为钢筋仍能工作，其弹性模量 E_s' 一般小于 E_s 的值，过 C 点之后，认为钢筋不能再继续工作。与双直线模型相比，三折线模型能更加准确地估算高应变的应力。三折线模型属性为理想弹塑性加硬化，其计算公式为

$$当 \varepsilon_s \leqslant \varepsilon_y 时，\qquad \sigma_s = E_s \varepsilon_s \tag{1-30-1}$$

$$当 \varepsilon_{sh} < \varepsilon_s \leqslant \varepsilon_{su} 时，\qquad \sigma_s = f_y + E_s'(\varepsilon_s - \varepsilon_{sh}) \tag{1-30-2}$$

$$当 \varepsilon_y < \varepsilon_s \leqslant \varepsilon_{sh} 时，\qquad \sigma_s = f_y \tag{1-30-3}$$

式中，弹性模量分别为 $E_s = \dfrac{f_y}{\varepsilon_y}$ 和 $E_s' = \dfrac{f_{su} - f_y}{\varepsilon_{su} - \varepsilon_{sh}}$。

双斜线模型适用于伸长率不明显的硬钢。如图 1-17（c）所示，A 点代表条件屈服点，B 点的应力为拉伸实验中测算的极限强度 f_{su}。双斜线模型属性为弹塑性，其计算公式为

$$当 \varepsilon_s \leqslant \varepsilon_y 时，\qquad \sigma_s = E_s \varepsilon_s \qquad\qquad (1\text{-}31\text{-}1)$$

$$当 \varepsilon_y < \varepsilon_s \leqslant \varepsilon_{su} 时，\qquad \sigma_s = f_y + E_s''\left(\varepsilon_s - \varepsilon_y\right) \qquad (1\text{-}31\text{-}2)$$

式中，弹性模量分别为 $E_s = \dfrac{f_y}{\varepsilon_y}$ 和 $E_s'' = \dfrac{f_{su} - f_y}{\varepsilon_{su} - \varepsilon_y}$。

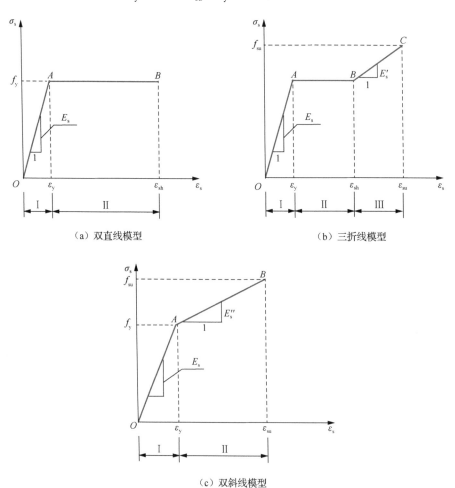

（a）双直线模型　　　　　　　　　　（b）三折线模型

（c）双斜线模型

图 1-17　钢筋应力-应变关系的三种计算模型

2. 混凝土力学性能

钢筋混凝土结构中混凝土的强度与水泥和骨料的品种、配合比、养护条件、试件形状和大小、约束条件、加载条件等相关。因此，混凝土强度指标的测定应当统一采用标准化的实验方法。我国所采用的标准实验方案为：制备 150mm×150mm×150mm 的试块，在温度 20℃±3℃和相对湿度 90%以上的空气中养护 28 天，按标准实验方法测得具有 95%保证率的抗压强度特征值作为混凝土立方体抗压强度标准值 f_{cuk}，单位为 N/mm²，该值也称

为混凝土强度级别，用 C 来表示。根据国内实验结果，得到上述强度指标间的统计公式：

$$f_{ck} = 0.88\alpha_{c1}\alpha_{c2}f_{cuk} \tag{1-32}$$

$$f_{tk} = 0.88 \times 0.395 \times \left(f_{cuk}\right)^{0.55} \times \left(1-1.645\delta\right)^{0.45} \times \alpha_{c2} \tag{1-33}$$

式中，α_{c1} 为棱柱体强度与立方体强度之比，当 C≤C50 时取 0.76，当 C=C80 时取 0.82，区间内的值采用线性内插的方法选取；α_{c2} 是对 C40 以上等级的混凝土考虑的脆性折减系数，当 C≤C40 时取 1，当 C= C80 时取 0.87，区间内的值采用线性内插的方法选取；0.88、0.395、0.55 均为经验系数；δ 为立方体强度变异系数，参考混凝土设计规范取用。

　　混凝土的变形包括两种：一种是受力变形，分为单次短期单轴加载下的变形、长期荷载作用下的变形（徐变）和重复荷载作用下的变形三种变形；另一种是与荷载无关的体积变形，包括混凝土收缩变形、温度诱导变形。混凝土的应力-应变关系（σ-ε 曲线）是分析截面应力分布、破坏机理、破坏形态和建立强度理论、变形理论、计算方法的必不可少的依据。图 1-18 为典型的单次短期单轴加载下混凝土的 σ-ε 曲线，分析其变形、最大应力以及其对应的应变、破坏失效时的极限压应变。在 OA 段，应力低、应变属性为弹性，σ-ε 曲线近似直线且无微细裂纹发展，混凝土整体处在良好的弹性工作状态。在 AB 段，伴随应力增大，应变的增长速度变快，塑性应变比重提升，微裂缝不断发展但暂时稳定，σ-ε 曲线与直线出现了偏离，混凝土整体处于弹塑性工作状态。在 BC 段，应力继续增大，塑性变形更为显著，微裂缝变得不稳定，C 点应力达到最大值 $\sigma = f_c$（f_c 即为棱柱体抗压强度），此时内裂缝发展为表面纵向裂缝，混凝土被压坏。在 CDEF 下降段，随着应变的增大，其应力值呈递减趋势，D 点为 σ-ε 曲线的反弯点，从 E 点开始曲线进入收敛段，即应力下降变得缓慢，一般将收敛点 E 称为极限压应变，记为 ε_{cu}，此时试件完全被破坏。

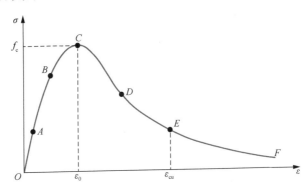

图 1-18　典型的单次短期单轴加载下混凝土的 σ-ε 曲线

　　在理论分析和计算中，通过抓取关键特征，在描述混凝土单轴受压的应力-应变关系时通常选用二次抛物线加水平直线的计算模式。如图 1-19 所示，上升阶段为递增的二次抛物线，下降阶段则被简化为水平直线。二次抛物线加水平直线模型的计算公式为

$$当 \varepsilon_c \leq \varepsilon_0 时，\qquad \sigma_c = f_c\left[1-\left(1-\frac{\varepsilon_c}{\varepsilon_0}\right)^n\right] \tag{1-34-1}$$

$$当 \varepsilon_0 < \varepsilon_c \leq \varepsilon_{cu} 时，\qquad \sigma_c = f_c \tag{1-34-2}$$

$$\varepsilon_0 = 0.002 + 0.5\left(f_{cuk} - 50\right) \times 10^{-5} \quad\quad (1\text{-}34\text{-}3)$$

$$\varepsilon_{cu} = 0.0033 - \left(f_{cuk} - 50\right) \times 10^{-5} \quad\quad (1\text{-}34\text{-}4)$$

$$n = 2 - \frac{1}{60}\left(f_{cuk} - 50\right) \quad\quad (1\text{-}34\text{-}5)$$

式中，σ_c 为混凝土压应变为 ε_c 时的混凝土压应力；f_c 为混凝土轴心抗压强度设计值；ε_0 为混凝土压应力达到 f_c 时混凝土的压应变；ε_{cu} 为混凝土正截面极限压应变；f_{cuk} 为混凝土立方体抗压强度标准值；n 为系数，当计算值大于 2.0 时，取为 2.0。

混凝土材料的实测应力-应变曲线反映出其非弹性特征，其受压变形模量有三种表征参数，包括弹性模量 E_c、变形模量 E_c'、切线模量 E_c''，结合应力-应变曲线图，它们分别为 σ-ε 曲线的原点切线斜率、任意点与原点的连线斜率（割线斜率）和任意点切线斜率。

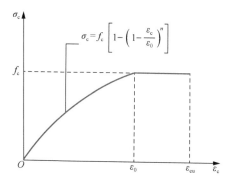

图 1-19　混凝土单轴受压应力-应变关系的计算模型

钢筋混凝土结构构件在使用过程中，常常受重复荷载或长期荷载作用，如吊车梁、桥面板、梁受压区等。在结构分析和设计时，应注意混凝土在重复荷载或长期荷载作用下徐变产生的各种影响。影响混凝土徐变的因素包括组成成分及配合比、养护条件和使用环境、体表比、应力大小等。

3. 钢筋混凝土力学性能

钢筋混凝土构件良好的工作性能有赖于二者之间的黏结性能。钢筋与混凝土之间的黏结力主要有三种来源：化学黏着力、物理摩擦力、机械咬合力。化学黏着力是指构件内部水泥凝胶体与钢筋之间产生的表面吸附黏着作用，这类作用占总黏结力的很小一部分，并且当构件受力时，随着内部混凝土与钢筋之间发生相对移动，就会失去作用。物理摩擦力是指混凝土与钢筋之间产生的表面摩擦力作用，这类作用的大小取决于混凝土硬化收缩过程对钢筋产生的环向挤压作用的强弱和二者接触面的粗糙程度，挤压作用越强，接触面越粗糙，其物理摩擦力越大。机械咬合力是指混凝土和钢筋接触面的凹凸不平或特殊带肋构造产生的咬合作用。对于光面钢筋，机械咬合力主要来自前者；对于带肋钢筋，机械咬合力主要来自后者。

钢筋和混凝土之间的黏结性能、黏结强度、破坏形态可以通过拔出实验进行研究。实验所得的黏结应力与黏结滑移关系曲线在非线性计算中是不可或缺的本构关系。拔出实验表明：光面钢筋混凝土的黏结破坏形式为剪切式，而带肋钢筋混凝土的黏结破坏形式为刮型式。影响钢筋和混凝土之间黏结强度的因素包括钢筋表面构造、混凝土强度等级、钢筋布设参数、保护层厚度、侧向压力等。除此之外，钢筋细部构造的合理设计也能够大幅提升二者之间的黏结性能，如锚固、搭接和延伸等。

由于钢筋混凝土结构受力条件通常比较复杂，受到轴力、弯矩、剪力和扭矩等多种因素影响，因此，在一般的受力情况下，钢筋混凝土往往处于一个复合型受力状态。钢筋混凝土结构的设计方法为以概率理论为基础的极限状态设计方法，目前已建立了比较成熟的针对弯曲、拉压、剪切、扭转等各类基本构件的分析计算方法。钢筋混凝土构件存在钢筋和混凝土之间相互协调、相互影响的问题，二者在数量、位置、强度上的合理配置对构件的承载能力、受力性能和破坏形态有很大影响。对于复合型受力状态下混凝土构件的强度、裂缝和变形计算问题，目前还未建立公认的分析计算方法，这方面还有待进一步深化研究[4]。

1.4.3　水工钢筋混凝土结构的设计思路

在设计水工钢筋混凝土结构时，要确保结构安全合理，用最经济科学的方案修建结构物，从而在规定的期限和使用条件下达到预定功能。结构满足安全、适用、耐久三大功能性要求并处于良好稳定工作状态称为可靠状态，反之则称为不可靠状态。结构的极限状态是可靠状态与不可靠状态的界限状态，它可分为两类，包括承载能力极限状态和正常使用极限状态。当结构的荷载达到承载能力极限状态时，结构将会损毁而失去安全性，可能造成较为严重的人员伤亡或财产损失。当结构的荷载超过正常使用极限状态时，会影响到结构的适用性和耐久性，但一般不会造成人身伤害或财产损失[7]。

目前我国在水工混凝土结构设计中有两种设计方法，一种是电力系统《水工混凝土结构设计规范》（NB/T 11011—2022）中按概率极限状态设计原则，用 5 个分项系数（结构重要性系数 γ_0、设计状况系数 ψ、结构系数 γ_d、荷载分项系数 γ_G 和 γ_Q、材料分项系数 γ_c 和 γ_s）的设计表达式进行设计[8]。这些分项系数的取值是根据统一给定的目标可靠指标经过概率分析，或按照工程经验校准后确定的。概率极限状态设计方法虽已进入实用阶段，但由于在水利水电工程中，大部分荷载还未得出可靠的统计参数，例如，土压力、围岩压力、浪压力等主要荷载还只能依赖理论公式推算得出。因此，目前真正意义上的概率分析尚待开展。另一种是水利系统《水工混凝土结构设计规范》（SL 191—2008）中在规定的材料强度和荷载取值条件下，采用在多系数分析基础上以安全系数 K 表达的方式进行设计[9]。对于这两种方法具体的设计表达式，读者可以参阅相关规范，此处不作详述。

1.4.4　水工钢筋混凝土结构的设计内容

在钢筋混凝土结构的设计工作中，需要掌握钢筋混凝土在轴力、弯矩、剪力和扭矩等各类基本作用下的构件受力性能、破坏形态、基本理论、计算方法、配筋构造和变形及裂缝宽度的验算方法等。

水工钢筋混凝土结构的设计内容包括以下几方面：

（1）结构方案设计，包括结构选型、构件布设、传力分析；

（2）作用及作用效应分析；

（3）分析计算结构的各项内力；

（4）结构极限状态计算，包括承载能力极限状态计算和正常使用极限状态计算；

（5）必要的构造措施和连接方案；

（6）耐久性能设计；

（7）针对特殊环境或荷载的专门性设计；

（8）绘制施工图。

钢筋混凝土结构的承载能力极限状态计算主要包括：结构构件的承载力（包括失稳）分析计算；重复荷载作用下结构疲劳验算；对处于地震多发区域的建筑进行地震承载能力验算；对处于特殊地质环境下的结构进行必要的倾覆、滑移验算；对于可能遭受地震、海啸等而有倒塌隐患的结构进行防连续倒塌设计。钢筋混凝土结构的正常使用极限状态计算主要包括：对构件进行变形验算以保证构件变形在可接受范围内；对不允许裂缝发生的构件应当进行拉应力验算以保证其正常工作状态；对允许裂缝发生的构件应进行受荷裂缝宽度的验算以保证其裂缝宽度在可接受范围内。在上述各项设计内容中，选用合理的结构方案、正确地进行结构分析和采取必要的措施是需要重点关注的内容。

1.5　海洋环境特征及其对土木工程的影响

1.5.1　海洋环境中的风及其对土木工程的影响

大自然中的风随着季节以及时空位置的变化每时每刻发生着变化，有着复杂的运动和变化规律。风使地球上空的各处空气得到交换，带来水汽和能量交换，对整个大气运动产生影响，并通过海气界面影响海洋，产生海浪、洋流等。人们在很久以前就知道如何使用风中的能量，如风车磨面、舂米、风帆远航等，后来人们通过风力发电跨越式地使风能资源得到了利用。但巨大的风会给人类带来灾难，房屋、桥梁等各种结构物可能遭到损毁，例如，美国的塔科马悬索桥由于风的作用而发生扭曲振动最终断裂坍塌，如图1-20所示[10]。在很多沿海国家和地区因时常遭遇台风的侵扰而造成重大经济损失和人员伤亡。风荷载是海洋工程设计建造的关键控制荷载，对海洋工程工作者来说，必须了解风的形成机理、作用力大小和时空变化规律，通过对结构所处海域的风场统计数据的分析进行结构物的抗风设计。

自然界中的风运动规律复杂，同时存在紊动性和阵发性。一般用统计分析方法来描述和分析风的变化过程，用风速频谱来描述其频谱特性，进而研究结构物在风速频谱作用下的动态响应。在海洋工程设计中，应收集和分析所处海域多年的风速资料，通过长期规律地观测来确定最大风速发生频率的极值问题，考虑最大风速、常遇风速、风向和相应频率特征，研究风的特性。

风向表示风的来向，一般用"风玫瑰图"来描述任意方向的风速大小和出现的相对次数，又称为风向频率图或风况图，图1-21为某一海域的风玫瑰图。从图中可看出，该海域的常风向和强风向均为SW方向。风的作用强度就是风力强度，一般选用风级表示，根据风速的快慢进行风力分级。现阶段国际上统一选用的风力等级表是蒲福风力等级（Beaufort Scale）表，目前已有18个等级，在日常海洋气象广播中经常使用。

图 1-20　美国的塔科马悬索桥的风振坍塌[10]

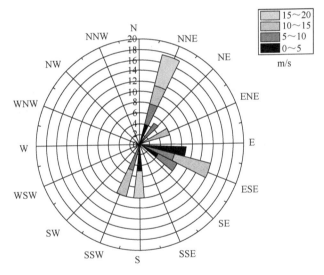

图 1-21　风玫瑰图示例

　　风力的大小主要受到气压、地球的偏向力、摩擦力等多种因素的共同作用的影响。地球上空的空气流动有着不同的规模和循环体系，包括大气环流（大规模）、季风（中规模）、热带气旋与台风（中规模）和海陆风（小规模），它们对地球气候和风带形成的影响各不相同。

　　全球性的大气环流是地球上最大规模的风系，它是由高、低纬度间大气因存在温度差而流动产生的。图 1-22 为三圈环流模型，是描述大气环流比较成熟的模型[11]。在气压梯度和地转偏向力的共同作用下，地面气流在赤道低压、副热带高压、高纬度副极地低压及极地高压之间分别形成信风带、西风带和极地东风带。赤道以南的西风带常常狂风大作，素有"咆哮西风带""怒吼的南纬 40°地带"之称。大气环流出现异常将会引起全球气候出现异常，如异常降水和冷暖，严重的干旱和涝、严寒等。

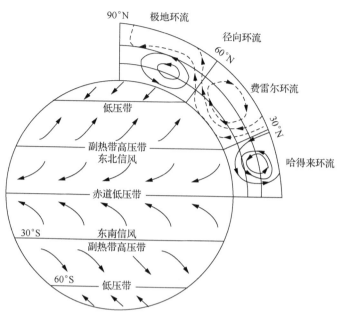

图 1-22　三圈环流模型[11]

　　季风是大规模盛行风向随冬、夏发生显著转换的风系。季风一般发生在沿海地区，冬季的海洋为低压热源，大陆为高压冷源，这导致地面大规模盛行风从大陆吹向海洋，夏季则反之。此外，地球上的行星风系和地区的季节性热力差异也是影响季风形成的两个主要因素。全球的季风活动范围很广，一半的热带或者全球的 1/4 区域可以定义为季风气候，它影响着地球上 1/2 人口的生活。我国受季风影响明显，夏季季风主要由来自南半球的热带气流和来自印度季风槽的西南季风共同汇集而成，盛行东南、西南季风，气候潮湿闷热、降雨较多，冬季季风来自西伯利亚，盛行西北、东北季风，气候干燥寒冷、降雨较少[12]。

　　热带气旋是一种多发于热带区域海洋上空的低压涡旋，其在北半球沿逆时针方向旋转，在南半球沿顺时针方向旋转。台风是东亚一带的称呼，台风多发于 7～10 月（北半球）和 5°～10° 的纬度范围内。台风是一种灾害性天气系统，常伴有大风、暴雨、狂浪、风暴潮，其所经之处，房屋倒塌、堤岸损毁、洪水肆虐，同时，暴雨还会引发泥石流等次生性的重大灾难，给人类生产生活带来严重影响，甚至造成生命财产损失。海陆风是一种由海陆间温差引起的海陆向气流交替流向的小规模风系，由白天的向岸海风和晚上的向海陆风组成，是一种风向按日向变化的局地风系。

　　结构物在风的作用下会出现振动，造成结构变形和疲劳破坏。工程计算中将风分为平均风和脉动风进行计算，可分别利用静力理论和动力理论近似处理风的作用荷载。对于海洋工程中的细长构件，还要考虑涡激振动现象。根据经典伯努利方程，可得出单位面积上平均风的基本风压：

$$p_0 = \frac{1}{2}\rho V^2 = \frac{1}{2}\frac{\gamma}{g}V^2 \qquad (1-35)$$

式中，ρ 为空气密度；V 为风速（m/s）；γ 为空气重度。

平均风压力下的风荷载可通过进一步积分得到，一般表达式为

$$F = Cp_0A = C\frac{1}{2}\rho V^2 A \tag{1-36}$$

式中，C 为空气流动作用力的系数；A 为垂直风向上结构受风面的投射面积。

对于脉动风对建筑结构物的影响，可以通过对风谱的研究和随机振动理论来进行分析计算。在工程实践中，通常采用简便、实用的方法进行计算，即采用动力放大系数 K 来代替脉动风产生的惯性力所带来的动态作用影响，此时的动态总风压表示为

$$W = (1+K)p_0 = \beta p_0 \tag{1-37}$$

式中，p_0 为基本风压；$\beta = 1+K$ 表示风振系数，指动态作用风压为基本风压的 β 倍。

此时沿风向产生的动态风荷载为

$$F = CWA \tag{1-38}$$

式中，C 为空气流动作用力的系数；A 为垂直风向上结构受风面的投射面积。

1.5.2　海洋环境中的波浪及其对土木工程的影响

海洋波动可发生在表层海水，也可因海水层化作用而发生在内部海水，其在表现形式上多种多样，不同层化在形式上多种多样，它们在时空尺度、发生机理和波动特性方面都存在显著差异。

海洋表面所受风压、天体诱发的引潮力、海底地震作用、海底火山喷发等都是海洋表面波动发生的自然因素，所引起的波动现象在尺度、能值和波动特性（周期、波高、波长等）方面存在很大差异。图 1-23 是海洋表面波动现象能量近似分布示意图[13]，其中海面重力波具有较大能量，对海洋工程结构物影响最大。据观测数据，波动周期在 $1\sim30\mathrm{s}$ 内的海浪占据着海面观测数据中的大多数，是船舶、平台等海洋工程出现结构损伤和疲劳破坏的主要原因。因此，在进行海洋结构物的设计和施工时，必须将波浪作为海洋环境荷载的主要条件。另外，由于强风暴、海底地震或海底火山喷发而引起的恶性风暴潮、海啸以及天体引潮力诱发的潮波会导致水位垂向的升降变化，这些因素主要与海洋工程结构物的设计高程相关，应当重点考虑。

内波现象是由内部海水在竖直方向上密度分布的差异性导致的，称为海洋内波。海洋内波可分为高频内波、内潮波、内孤立波，它们在海洋中有多种作用，例如，造成海水内部混合，能量传动，形成温度、盐度微结构，影响水文要素分布等。海洋内波波动的影响也是多方面的，例如，影响水下声速大小与传导方向、降低水下声呐探测精度、诱发潜艇运动震颤等。相比于海洋表面波，海洋内波的观测较为困难，一般需要通过测量温度、盐度、密度等参数来推演内波变化特征。近年来，研究者利用海洋卫星遥感技术得以发现大量的内孤立波，但关于这些内波的激发、传播与消亡机制的认识还在研究之中[14]。

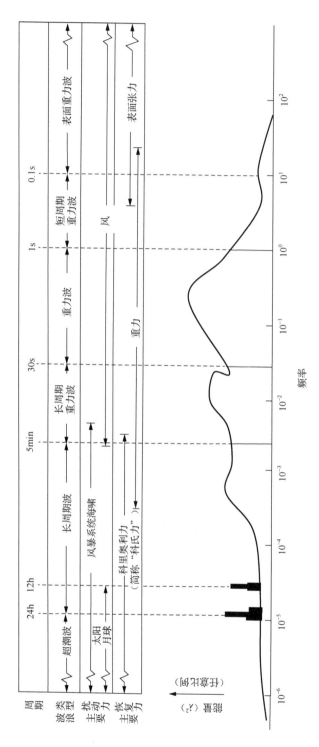

图 1-23　海洋表面波动现象能量近似分布示意图[13]

对于海洋工程的结构设计计算,海洋表面的波浪是一个不容忽视的环境荷载。从结构物的强度要求、使用年限、建造成本等角度考虑,可以依据所在海域历史观测数据来明确海浪出现的最大可能尺度,同时还要研究波浪的特点、发生的频率及出现的季节性特征。海岸堤坝的建造与侵蚀、泥沙输送移动、海岸环境变化以及港口选址等都与波浪运动有关。较大波高的海浪会导致航道淤积、船舶损伤、海上平台倾倒等,造成经济损失和人员伤亡。

结构物受到波浪力的作用会受到其所处水域的水深、波浪高度和周期等因素的影响,同时还和结构物的结构形式、布置位置、截面形状和尺寸等有关。波浪力的计算方法包括两种:第一种是莫里森方法,此方法针对小直径构件,它的直径波长比 $D/\lambda \leqslant 0.2$,该方法假定小构件不会对波浪的传播产生任何的影响,波浪力主要考虑了海水的速度和惯性作用;第二种是绕射理论,此方法针对大直径构件,也就是直径波长比 $D/\lambda > 0.2$,此时构件对波浪的传播会产生显著影响,因此无法忽略[15]。

1.5.3　海洋环境中的潮汐及其对土木工程的影响

潮汐现象是一种自然的运动现象,它是受到了月亮或太阳等天体的潮汐动力引起的一种海水运动(称为潮流),与此同时伴随海面的周期性垂直升降运动(称为潮汐)。

潮汐的涨落会因时间、地理位置的不同而不同,但所有潮汐的涨落、潮高和潮差的变化都具有周期性。根据各地潮汐的循环周期和潮差的不同特点,可将潮汐现象分为正规半日潮、正规日潮和混合潮。以正规半日潮为主的潮汐主要分布在我国渤海、黄海和东海海域,以正规日潮为主的潮汐主要分布在我国南海。描述潮汐发生机理的理论有两种:一种是由牛顿提出的平衡潮理论,该理论基于海水的重力与引潮力之间的静力平衡;另一种是由拉普拉斯提出的潮汐动力理论,该理论基于潮波的动力学基础得到了广泛传播。两种理论互相补充,共同解释了潮汐的发生机理和各种潮汐现象的发生。

潮汐可以很好地反映出随水面高度的变动而引起的长期海洋波浪的真实情况。潮汐造成的高低水位、潮流大小和方向等都对海洋工程结构、港口航道、堤岸等的设计、施工、安全有一定影响。高低潮出现的高度和时间关系到船舶在进出港口时的安全,也是结构物受海水腐蚀影响严重的敏感部位。影响水位变化的因素很多,如地理地形、气象条件、气候因素等,因此需要对当地的潮位进行长期观测与记录以得到可靠的数据,并对潮汐特征值的历史资料进行统计分析,包括平均海平面、历史最高潮位、平均潮差、最大潮差等,从而为在海洋工程结构物设计中确定设计高、低水位和极端高、低水位提供参考依据。

1.5.4　海洋环境中的海流、海冰及其对土木工程的影响

海流是指海洋中的海水沿着特定路径的大范围、大规模流动,在流向、路径和速度上相对来说比较稳定,一般是由海洋内部的热盐效应和海面上的气象因素综合作用引发的。海流作为一种海水运动的重要形式,具有交换海洋内部物质和能量的作用,并深刻影响着海水的物理化学特性。海流的空间规模、时间尺度和表现形式具有复杂性和多样性,引起海流的原因也是多样的,如海水与水汽的综合作用、海水温度的变化程度和海水盐度的分

布差异等。海流是矢量,其流速的方向和大小可以用流玫瑰图来表示,如同用风玫瑰图来描述风场。海流的观测一般利用无线电或雷达、遥感卫星等测向和定位系统来观测海洋表层海流,利用中性浮子观测深海中下层海流,在一些锚泊浮标、平台等固定位置则使用悬挂海流计进行观测。按海流发生的范围区域可大体将其分为近岸海流和大洋环流,两者在空间规模和时间尺度上有很大差别。根据作用范围的不同,大洋环流可分为两种类型:一类为风生环流,是由风在海面的长时间作用引起的,其主要影响海洋上表层;另一类为热盐环流,是由海水温度、盐度分布变化产生的密度梯度力引起的,其主要发生在海洋上表层以下[12]。

在海洋工程结构物及港口航道等海岸工程设计中要考虑海流的作用,其受力安全性和使用稳定性受到近岸海流的流速大小和方向分布的影响。海流的大小和方向还对海岸岸滩形成、港口通航、海底泥沙动力行为与迁移规律等影响极大。对于海洋平台中的立柱、立管、桩腿及海底管线等细长构件来说,海流作用还可能引起涡激振动现象,从而产生较大的动态作用力,影响结构物的安全。对此一般采取加固构件、增大尺寸、改造尾流场等措施减小或消除涡激振动的危害。此外,海流对船只的航向也会产生一定的影响。

在海洋工程结构物的设计计算中,主要考虑海流的静动力和绕流涡动而产生的涡激振动。海流对于垂直柱体在单位高度上的水平拖曳力为

$$f_{\mathrm{D}} = C_{\mathrm{D}} \frac{1}{2} \rho U_{\mathrm{C}}^2 D \tag{1-39}$$

式中,C_{D} 为阻力系数,随雷诺数 Re 变化;ρ 为流体密度(kg/m³);U_{C} 为距海底高度为 z 处的流速(m/s);D 为计算构件的特征宽度(m)。

在地球的高纬海区,极端的低温气候会使海水结冰。据资料介绍,世界大洋面积的3%~4%被海冰所覆盖,不同程度受到海冰影响的海域占世界海洋面积的10%左右。海冰对海上船舶航行、港口与桥梁建设、海洋油气资源开发、冰区作业平台等都造成了影响。因此,在寒冷海域中,海洋工程结构物在设计、施工、运营和生产过程中必须加以考虑的关键设计荷载便是海冰荷载。在我国渤海和黄海北部,其部分海域每年冬季都会受到西伯利亚、蒙古寒流影响而出现结冰现象,该海域的海洋工程结构设计中应当将海冰荷载作为一个控制性荷载用以考虑季节性冻融对结构物的影响。

海冰在风和海流的作用下将产生运动,会使冰区中的工程结构物受到各种作用力。例如,结构物周围大面积海冰在风和海流的作用下产生的水平挤压力、运动浮冰产生的撞击力、冰层在温度剧变时发生膨胀挤压产生的膨胀力、海冰与结构物之间的摩擦力等。在海冰与结构物之间的整个作用过程与周期循环中,冰力在性质上表现为随机荷载,而在实际工程中,一般将冰力当作一个确定值,近似为静力荷载。在结构设计中,可以通过减小结构物迎冰接触面积和调整桩柱间距等来降低冰荷载的作用。海冰荷载对结构物也具有动力作用,交变冰力会引起冰激振动问题。在结构设计中,可以通过改变结构物的结构布置形式和结构的动力特性等来减少冰振的危害。

1.6　海洋土木工程的基本特点

1.6.1　海洋土木工程所涉领域广阔

海洋工程在广义上是指在科学原理和技术方法的基础上对海洋及海洋资源进行研究、开发、利用与保护的一种海上工程活动。海洋工程反映了现代科学技术在海洋领域的综合利用，其所涉领域广阔，为人所熟知的领域包括海洋生物、油气、矿产和能源的开发利用、船舶工程、港口航道工程、海岸保护、港口疏浚、海洋环境监测与保护、海底电缆、管道和隧道工程等领域。随着科技进步，海洋工程还包括了深海采矿、海洋牧场、海水淡化、海洋空间开发等领域。海洋土木工程则具体针对海洋中各种构造物的设计、建造、运营和维护等。随着海洋科技的不断进步，海洋资源得到很大程度的开发，海洋工程的含义也随之拓展和延伸，并经历了从海岸到近海、再到深海的发展过程，因此，海洋土木工程可以分为三个方面，即海岸土木工程、近海土木工程与深远海土木工程[16]。

海岸土木工程主要研究如何保护和利用海岸线。它涉及设计、建造和维护各种结构物，以保护沿海地区免受波浪、潮汐、风暴等自然力量的侵蚀和破坏。常见的海岸土木工程结构物包括防波堤、码头、堤坝、护岸墙等。这些结构物通常由混凝土、钢筋或其他材料制成，以承受来自海洋环境的压力和冲击。海岸土木工程处于水中或潮间带环境中，结构物容易受到腐蚀和侵蚀，其设计和建造过程中需要充分考虑当地的地质特征和气候条件。未来，海岸土木工程将更加注重可持续性发展。在设计和建造过程中，将采用更环保的材料和技术，并优化结构物的能源利用效率。此外，随着受气候变化的影响日益显著，海岸土木工程还将更加关注应对海平面上升、风暴增强等问题。海岸土木工程在保护和利用海岸线方面发挥着至关重要的作用。

近海土木工程主要研究如何在近海海域进行设计、建造和维护各种工程结构物。它涉及利用海洋资源、保护海洋环境以及满足人类社会对近海空间的需求。常见的近海土木工程结构物包括海上风电场、油气平台、航道导航设施、港口码头等。这些结构物通常需要考虑到复杂多变的水动力环境，同时还要满足安全性、可靠性和经济性等方面的要求。在近海环境中，工程结构物需要抵御波浪、潮汐、风暴等自然力量的复合作用，同时也面临着生物腐蚀和离子侵蚀。近海土木工程一方面能够满足人类对近海空间的需求，另一方面能有效保护海洋环境和利用海洋资源。

深远海土木工程主要研究和实践如何在深海环境中设计、建造和维护各种工程结构物。它涉及深海钻井平台、海底采矿设施、海底管线的设计、建设和维护，以实现深海资源的开发利用、海洋生态保护和深海科学研究等目标。深远海土木工程结构物处于高压、低温和强酸碱等极端条件，这对其建造、维护、能源供应、生命保障系统等方面都提出了更高的技术要求。深远海土木工程领域的技术创新和工程实践将在开发利用深海资源、探索和保护海洋生态系统、促进深海科技进步等方面提供重要的支持。

1.6.2　海洋土木工程环境因素复杂

　　海洋土木工程所面临的环境因素复杂多变，主要表现在自然环境、生物环境、化学环境、深度环境等方面。在海洋自然环境方面，工程结构物往往受到海洋力学（如波浪、潮汐、海流、海冰等）、气象状况（如风速、风向、雨量、气温等）、地质因素（如地震、海底火山、海啸等）的影响。在近浅海水域还受到复杂地理环境，岸滩迁移、沉积物输移运动的作用。在海洋生物环境方面，工程结构物可能受到生物附着或生物腐蚀的影响，如藻类、贝类对工程结构物的侵蚀或堵塞，从而影响其功能性和寿命。另外，海洋土木工程也要避免对海洋生态系统造成过大的污染和破坏。在海洋化学环境方面，海水的腐蚀性对海洋土木工程结构物的材料提出了特殊的要求。海水中盐分、微生物、溶解氧等都可能对结构物材料造成腐蚀，从而影响其安全性和耐久性。在海洋深度环境方面，随着水深的增加，海水的压力、温度和密度等参数都会发生变化，在深海中，工程结构物面临着高压、低温等极端条件，这对其设计、施工运营和生产维护都是不小的挑战。

　　这些海洋环境因素在物理、化学、生物等各个方面影响着海洋土木工程结构物的安全性、稳定性和耐久性，是海洋土木工程结构物在设计、施工、运营和生产维护过程中考虑环境因素、计算环境荷载等所需要考虑的环境条件，这些自然因素关系到海洋土木工程结构物的安全性、建造成本和经济效益。动力因素也是海洋工程结构物分析计算中必须注意的内容，如脉动风、海流的涡激振动、冰振等。除此之外，海洋土木工程结构的地质条件也是不可忽视的环境因素，包括海底界面的形貌、地质结构、土质条件等，不稳定的海床会对建筑结构的安全性产生一定的影响[17]。研究海洋工程中诸多环境因素的分布特征、变化规律、形成机理、相互耦合作用是开发、利用、探测海洋的基本问题，也是应对海洋防灾减灾的科学基础。

1.6.3　海洋土木工程结构形式多样

　　目前，我国海洋土木建设工程结构类型较多，主要有重力式、透空式和浮动式三类结构。其中，重力式结构类型较适用于海堤、码头等海岸和浅水区域，如防波堤、人工岛等；透空式结构类型多适用于软土地基的浅海或水深较大的海域，如高桩码头、岛式码头、浅海海洋平台；浮动式结构类型主要适用于水深较大的大陆架海域，如钻井船、浮船平台、浮式电站等。除了上述三种类型外，近年来还在发展半潜式结构、导管架结构、立柱式结构等[18]。

　　新型海洋土木工程结构的发展方向主要集中在海洋可再生能源、深海资源开发、海洋空间利用、海洋环保工程方面。海洋可再生能源通常是指海上风电、潮汐能、波浪能、洋流能、海洋热能、盐差能、温差能和生物能等，其具有不占土地空间、资源分布广泛、开发潜力大、可持续发展、绿色清洁等优势。用于海洋可再生能源的新型工程结构已得到了广泛关注，如用于深远海风能采集的浮式风力发电机、用于海湾或河口的潮汐能发电设施、用于海洋表层和深层之间温差能采集的热能转换结构等，这些新型结构能更高效地吸收和转化海洋能源。深海拥有丰富的矿产资源和生物资源，深海采矿平台和深海养殖设施等结构的开发将是一个重要方向，这些新型结构的设计和建造是对极端环境下的技术挑战，如高压、低温、强腐蚀等。除此之外，深海潜水器、深海科研平台的新型设计和建造将有助于科学研究和海洋探索。海洋空间的立体、连续、广阔特征为海洋空间的开发提供了巨大的开发潜力，包括交通运输（如海上机场、海底隧道和管线）、生产空间（如海上电站、牧场和城市）、储存空间（海底仓库、海洋废物处理场）、文化娱乐设施（海洋公园、海滨浴场）等方面。发展适用于海洋空间利用的新型工程结构，一方面可以缓解沿海地区的人地矛盾，另一方面可以拓展人类的生存空间。随着人们对海洋环境保护意识的增强，新型海洋环保工程结构得到了更多的关注。例如，The Ocean Cleanup 设计并实施的垃圾收集的浮动系统、用于恢复受损珊瑚礁生态系统的人工珊瑚礁、用于建立生物保护区的工程设施。总的来说，开发新型的海洋工程结构物可以帮助我们更好地利用和保护海洋，推动经济发展，保护环境，以及进行科学研究[19]。

1.6.4　海洋土木工程与生态环境联系密切

21 世纪是海洋的世纪，全球海洋经济和工业都在快速发展，我国在海洋牧场养殖、海洋油气田开发、滨海旅游、海水清洁利用等方面发展迅速，但是海洋资源开发、空间利用、大型建设项目的建设等都对海洋生态造成了诸多的影响和压力，如岸滩迁移、海水水质恶化、赤潮等。海洋土木工程的建设和生态环境之间联系紧密，需要注意在工程结构的施工建造和长期运行时对生态环境造成的影响。例如，大型围填海工程会对沿海植被及鸟类、浅海浮游生物、海洋生态服务功能、海水水质等造成影响。

海洋生态环境是地球生命的摇篮，对于维护地球生态平衡具有重要意义。因此，在海洋土木工程的建设过程中，必须充分考虑到生态环境的保护和可持续发展的需求。首先，在海洋土木工程的设计阶段，应充分考虑到工程对海洋生态环境的影响。例如，在选择建设地点时，应避免对珍稀海洋生物栖息地、重要的海洋生态系统和海洋自然保护区的破坏。另外，还应选用环保的材料和技术，最大限度地降低工程对海洋生态环境的影响。其次，在海洋土木工程的施工阶段，应采取各种措施减少废弃物和污染物的产生。例如，采用环保的废弃物处理技术，减少污水、废气和固体废物的排放。除此之外，还应加强施工现场的环境监测，确保施工过程中不会对海洋生态环境造成不可逆转的破坏。再次，在海洋土木工程的运营阶段，应加强对海洋生态环境的监测和保护。例如，对工程周边的海水质量、海洋生物多样性、海岸线变化等进行长期监测，确保工程运行过程中不会对海洋生态环境造成严重影响。最后，政府和相关部门应加强对海洋土木工程的管理和监督，制定相应的法规和政策，引导和促进海洋土木工程的绿色发展。加强国际合作，共同应对海洋生态环境问题，共同保护和利用好宝贵的海洋资源[20]。

海洋土木工程与生态环境的关系密切，我们必须在开发和利用海洋资源的同时，充分考虑到生态环境的保护和可持续发展的需求。只有这样，我们才能实现海洋土木工程与生态环境的和谐共生，为人类创造一个美好的海洋家园。

1.6.5　海洋土木工程信息化进程加速

随着技术的更新与迭代，人工智能逐步深入各领域中，是工业智能升级不可或缺的推动力。在海洋土木工程的设计、施工和维护过程中，可以运用现代信息技术对大量的工程数据进行采集、处理和分析。这些数据包括海洋环境参数（如海水温度、盐度、流速等）、工程结构参数（如应力、应变、位移等）、施工过程中的实时信息等。通过对这些数据的处理和分析，可以为工程设计、施工和维护提供科学依据，提高工程的安全性和可靠性。此外，信息技术的应用范围扩大，例如，地理信息系统（Geographic Information System，GIS）和全球定位系统（Global Positioning System，GPS）用于工程的测量和定位；遥感技术用于获取海洋环境、海底地质等信息；数值模拟技术用于预测工程结构在不同环境条件下的性能；智能监测技术用于实时监测工程结构的安全状况等。这些技术的应用大大提高了海洋土木工程的设计、施工和维护水平。为了提高海洋土木工程的信息化水平，各个企业甚至国家都在努力建立完善的信息化管理体系。这些体系包括工程信息的采集、存储、传输和应用等环节，以及相应的技术标准、管理规范和操作流程。通过建立这些体系，可以实现工程信息的高效管理和运营，提高工程的整体竞争力。

在海洋土木工程中，信息技术与工程技术相结合，形成了一系列新的技术和方法。例如，基于信息技术的工程优化设计方法，可以在满足工程安全性和经济性的前提下，实现工程结构的优化；基于信息技术的施工过程控制方法，可以实现施工过程中的实时监控和调整，提高施工质量和效率；基于信息技术的工程维护方法，可以实现对工程结构安全状况的实时监测和预警，提高工程的可靠性和耐久性。海洋土木工程涉及多个专业、多个阶段和多个参与方，因此需要实现信息的共享与协同。通过建立统一的信息平台和数据交换标准，可以实现工程信息的快速传递和共享，提高工程的协同效率。同时，通过信息技术手段，还可以实现工程的远程监控和管理，降低工程运营成本。

1.7　本章小结

本章详细阐述了工程力学、水工结构物、海洋环境三方面的基本内容。首先，在工程力学方面，主要讨论了材料力学和结构力学的基本任务、基本内容、材料的力学性能、结构的几何构造分析、应力应变分析与强度理论、结构的力法、位移法分析方法以及影响线的概念。这些内容对于我们掌握力学基本概念、理解结构物的受力情况、提高分析计算能力是必要的。其次，在水工结构物方面，主要讨论了水工钢结构和水工钢筋混凝土结构的基本特点、发展概况、力学性能、设计内容和设计方法。这些内容有助于我们认识材料工作性能，了解行业发展趋势，掌握设计方法、思路和内容。最后，在海洋环境方面，重点介绍了海洋环境中的风、波浪、潮汐、海流、海冰及其对土木工程的影响，并总结了海洋土木工程的五个基本特点，即所涉领域广阔、环境因素复杂、结构形式多样、与生态环境联系密切、信息化进程加速。这些内容有助于我们认识和理解海洋工程环境的特殊性和复杂性以及海洋环境与土木工程的相互影响关系，从而提升我们在设计和建造海洋土木工程结构物时对人与自然关系的把握。总而言之，通过本章内容的学习，我们能够掌握土木工程领域的基本知识，并深刻认识到海洋环境下土木工程的基本特点，这些知识可以帮助我们更好地理解海洋环境对土木工程的影响，提高设计能力和施工质量，保障工程安全稳定。

参 考 文 献

[1]　刘鸿文. 材料力学 [M]. 6 版. 北京: 高等教育出版社, 2017.

[2]　朱慈勉, 张伟平. 结构力学-上册[M]. 3 版. 北京: 高等教育出版社, 2016.

[3]　李廉锟. 结构力学[M]. 6 版. 北京: 高等教育出版社, 2017.

[4]　舒士霖, 邵永治, 赵羽习, 等. 钢筋混凝土结构[M]. 3 版. 杭州: 浙江大学出版社, 2011.

[5]　陈绍蕃. 钢结构设计原理[M]. 4 版. 北京: 科学出版社, 2016.

[6]　海河大学, 武汉大学, 大连理工大学, 等. 水工钢筋混凝土结构学[M]. 5 版. 北京: 中国水利水电出版社, 2016.

[7]　范崇仁. 水工钢结构[M]. 4 版. 北京: 中国水利水电出版社, 2008.

[8]　国家能源局. 水工混凝土结构设计规范（NB/T 11011—2022）[S]. 北京: 中国水利水电出版社, 2022.

[9]　中华人民共和国水利部. 水工混凝土结构设计规范（SL 191—2008）[S]. 北京: 中国水利水电出版社, 2008.

[10]　严允中, 余勇继, 杨虎根, 等. 桥梁事故实例评析[M]. 北京: 人民交通出版社, 2013.

[11]　曾一非. 海洋工程环境[M]. 2 版. 上海: 上海交通大学出版社, 2016.

[12]　赵淑江, 吕宝强, 王萍, 等. 海洋环境学[M]. 北京: 海洋出版社, 2011.

[13]　林凯荣, 戴北冰, 刘建坤, 等. 土木、水利与海洋工程概论[M]. 广州: 中山大学出版社, 2021.

[14]　耿宝磊, 金瑞佳, 沈文君. 波浪对深海海洋平台作用的时域模拟[M]. 北京: 人民交通出版社, 2018.

[15]　郑东生. 波浪、海床和结构物相互作用: 模拟、过程及应用（英文版）[M]. 上海: 上海交通大学出版社, 2018.

[16]　龚晓南. 海洋土木工程概论[M]. 北京: 中国建筑工业出版社, 2018.

[17]　胡厚田, 白志勇. 土木工程地质[M]. 4 版. 北京: 高等教育出版社, 2022.

[18]　周晖. 海洋工程结构设计[M]. 上海: 上海交通大学出版社, 2013.

[19]　白勇. 海洋结构工程[M]. 哈尔滨: 哈尔滨工程大学出版社, 2016.

[20]　环境保护部环境工程评估中心. 海洋工程类环境影响评价[M]. 北京: 中国环境科学出版社, 2012.

第 2 章　功能材料与结构化材料

本章重点介绍功能材料、结构化材料及其在海洋土木工程领域的应用，具体包括功能材料、超材料、数据驱动的智能结构化材料与海洋土木结构化材料三部分内容。其中，第一部分重点介绍功能材料的定义与分类和多功能材料系统；第二部分重点介绍以力学超材料为代表的超材料的定义、制备和分类，并结合功能材料提出了力学功能超材料；第三部分重点介绍数据驱动的智能结构化材料和海洋土木结构化材料。

2.1　功能材料简介

2.1.1　功能材料的定义

功能材料是具有一种或多种光、电、磁、分离和形状记忆功能等特定功能的特种材料或精细材料。这些特定功能可以通过外部刺激（温度、光、电场/磁场和生化等），以受控方式显著改变。功能材料在大多数材料（陶瓷、金属、聚合物和有机分子等）中广泛存在，近年来在科学技术和工农业等领域中被广泛应用[1]。

2.1.2　功能材料的分类

功能材料的分类尚无公认统一的界定标准。《功能材料学概论》按照材料的化学键、物理性质和应用领域对功能材料进行分类，如表 2-1 所示[2]。《新型功能材料》按照材料的物质性、功能性和应用性分类，如表 2-2 所示[3]。《现代功能材料及其应用》按照功能的种类和显示过程分类，如表 2-3 所示[4]。

表 2-1　功能材料以化学键、物理性质和应用领域为分类指标的分类方法[2]

分类指标	材料种类
化学键	功能性金属材料、功能性无机非金属材料、功能性有机材料、功能性复合材料
物理性质	磁性材料、电性材料、光学材料、声学材料、力学材料、化学功能材料
应用领域	电子材料、军工材料、核材料、信息工业用材料、能源材料、医学材料

表 2-2　功能材料以物质性、功能性和应用性为分类指标的分类方法[3]

分类指标	材料种类
物质性	金属功能材料、无机非金属功能材料、有机功能材料、复合功能材料
功能性	电学功能材料、磁学功能材料、光学功能材料、声学功能材料、力学功能材料、热学功能材料、化学功能材料、生物医学功能材料、核功能材料
应用性	信息材料、电子材料、电工材料、电讯材料、计算机材料、传感材料、仪器仪表材料、能源材料、航空航天材料、生物医用材料

表 2-3　功能材料以功能的种类和显示过程为分类指标的分类方法[4]

分类指标		材料种类
功能种类	力学功能	强化功能材料、弹性功能材料
	化学功能	分离功能材料、反应功能材料、生物功能材料
	物理化学功能	电学功能材料、光学功能材料、能量转换材料
	生物化学功能	医用功能材料、功能性药物
功能显示过程	一次功能	力学功能、声功能、热功能、电功能、磁功能、光功能、化学功能、其他功能
	二次功能	光能和其他形式能量的转换、电能和其他形式能量的转换、磁能与其他形式能量的转换、机械能与其他形式能量的转换

2.2　代表性功能材料

2.2.1　形状记忆材料

　　形状记忆材料是一类具有良好的刺激-响应和形状变化-恢复功能（即形状记忆效应）的智能材料。它们在特定条件下经过特定变形后，能够通过施加相应的外界刺激（如温度、机械力、电磁和化学等），从看似塑性的显著变形状态恢复到初始状态。形状记忆材料从变形开始到恢复初始状态的全过程称为形状记忆循环[5]。图 2-1 是形状记忆材料在一个形状记忆循环中的应力-应变关系曲线。以具有温度刺激-响应功能的热致性形状记忆聚合物为例，形状记忆材料的形状记忆循环可进一步描述如下。热致性形状记忆聚合物在温度刺激下的形状记忆循环主要包括四个阶段：①高温加载阶段；②冷却固定阶段；③卸载阶段；④形状恢复阶段。其中，前三个阶段合称为形状编程阶段。图 2-2 是热致性形状记忆聚合物的形状记忆循环机理和形状编程与恢复过程中的应力-应变-温度关系曲线。

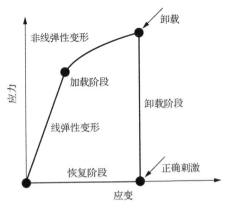

图 2-1　形状记忆材料在一个形状记忆循环中的应力-应变关系曲线

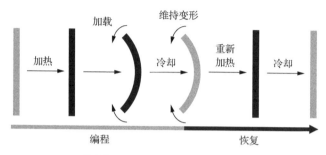

（a）热致性形状记忆聚合物的形状记忆循环机理

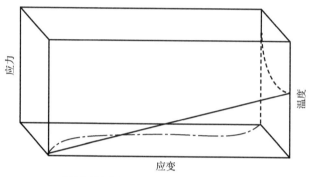

（b）形状编程与恢复过程中的应力–应变–温度关系曲线

图 2-2　形状记忆过程

　　形状记忆材料具体分为形状记忆合金、形状记忆聚合物和形状记忆陶瓷三类。其中，形状记忆合金主要包括镍钛形状记忆合金、铜基形状记忆合金和铁基形状记忆合金三类。形状记忆聚合物主要包括热致性形状记忆聚合物、光致性形状记忆聚合物、电致性形状记忆聚合物、磁致性形状记忆聚合物和化学感应性形状记忆聚合物五类。形状记忆陶瓷按照形状记忆效应机制的不同，分为黏弹性形状记忆陶瓷、马氏体相变形状记忆陶瓷、铁电性形状记忆陶瓷和铁磁性形状记忆陶瓷四类[5]。近年来，形状记忆复合材料（包含两种及以上形状记忆材料的复合材料）因其多刺激响应功能而得到广泛研究和应用。近十年，出现了一种新的形状记忆材料类型，即形状记忆混合物。形状记忆混合物是一种更容易实现和灵活使用的材料。形状记忆混合物是由传统材料制成的，这些传统材料是众所周知和容易被找到的，且任何一种材料单独都不具有形状记忆效应[6]。表 2-4 总结了形状记忆材料的分类。形状记忆合金和形状记忆聚合物是目前研究和应用最广的两类形状记忆材料，表 2-5 对比了两者的优缺点。

表 2-4　形状记忆材料的分类

分类指标	材料种类
形状记忆合金	镍钛形状记忆合金、铜基形状记忆合金、铁基形状记忆合金
形状记忆聚合物	热致性形状记忆聚合物、光致性形状记忆聚合物、电致性形状记忆聚合物、磁致性形状记忆聚合物、化学感应性形状记忆聚合物
形状记忆陶瓷	黏弹性形状记忆陶瓷、马氏体相变形状记忆陶瓷、铁电性形状记忆陶瓷、铁磁性形状记忆陶瓷
形状记忆复合材料	由两种及以上形状记忆材料构成的复合材料
形状记忆混合物	由两种及以上单独不具有形状记忆效应的传统材料构成的形状记忆复合材料

表 2-5 形状记忆合金和形状记忆聚合物特点比较

特点	形状记忆合金	形状记忆聚合物
优点	可重复编程和恢复次数大、兼具单向和双向形状记忆效应、形状恢复应力高	形状记忆效应显著、形变量大、恢复温度和硬度可调、感应温度低、生物相容性和降解能力强、易加工成形、成本低、适应范围广
缺点	形变量小、形状恢复温度和硬度固定	形变恢复应力和精度低、大多数仅具有单向记忆效应、可重复编程和恢复次数少

形状记忆材料因其形状记忆效应，已实现工业、生物医学、土木工程、航空航天和日常生活用品等多方面应用。下面重点介绍形状记忆合金和形状记忆聚合物的应用。形状记忆合金具有优良的能量耗散和阻尼能力，是土木工程、驱动器与机器人、航空航天和生物医学等领域开发各类构件设备的关键材料。在土木工程领域，形状记忆合金系统具有巨大潜力，许多基于形状记忆合金的系统已经集成到土木工程建筑物中，包括钢结构、木材结构、混凝土结构、钢梁-柱连接件、钢和钢-混凝土连接件、支撑系统、频率控制器、制音器、振动隔离系统和隔离装置等。在机器人领域，形状记忆合金线材和弹簧可以实现一维与三维间变形转换的功能结构，具有广泛的特性和执行要求，已经应用于生产各种具有刚性和柔性运动的机器人。在航空航天工程领域，形状记忆合金的应用包括变形机翼、推进系统方向和入口的几何形状定制，用于推力和噪声优化的可调几何人字形、隔离微振动、低冲击释放装置和主动展开太阳帆等。在生物医学工程领域，利用钛镍形状记忆合金的良好生物相容性，可以制造凝血过滤器、骨折固定板和脊椎矫正棒等。形状记忆合金的超弹性可以用作齿形矫正用丝等[5]。

近年来，基于形状记忆聚合物的 4D 打印技术、药物释放系统和可部署空间结构已经得到深入的发展。4D 打印技术指以形状记忆聚合物等可编程物质为打印耗材的 3D 打印技术，其可以响应环境刺激主动改变形状。4D 打印技术结合了 3D 打印技术和形状记忆聚合物的优势，可以在较短时间实现生物医学设备、航空航天和软体机器人等定制工具的设计和制造。利用形状记忆聚合物可以开发可控的药物释放系统。值得注意的是，药物需要浸入药物溶液后才能被装载到形状记忆聚合物中。形状记忆聚合物在药物溶液中发生溶胀，待药物分子充满形状记忆聚合物后干燥，才可以获得载药形状记忆聚合物。此外，形状记忆聚合物的轻质、低成本和主动变形特征使其适用于航空航天工程的可部署结构，如形状记忆聚合物可展开面板、反射器天线、铰链和重力梯度吊杆等。形状记忆聚合物在外界环境刺激下可以实现硬状态与软状态间的转变，具有损伤区域自愈能力[7]。

2.2.2 压电材料

压电材料是具有机-电耦合效应（即压电效应）的功能材料。压电效应包括正压电效应和负压电效应两类。正压电效应指压电材料受压力作用时，两端面间产生相位差。负压电效应指压电材料受电场作用时会产生机械内应力，进而发生形变。因此，正压电效应本质上是机械能转化为电能的过程，而负压电效应是电能转化为机械能的过程。图 2-3 为压电效应的原理图。

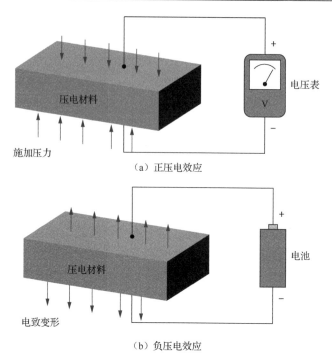

（a）正压电效应

（b）负压电效应

图 2-3　压电效应原理

正压电效应中，极化强度为

$$P = d_{\mathrm{p}}\sigma \qquad (2\text{-}1)$$

式中，d_{p} 为正压电常数（C/N）；σ 为外应力（N/m²）。

负压电效应中，电致应变为

$$\varepsilon = d_{\mathrm{t}}E \qquad (2\text{-}2)$$

式中，d_{t} 为负压电常数（C/N）；E 为电场强度（V/m）。

按材料种类划分，压电材料分为无机压电材料、有机压电材料（压电聚合物）、压电复合材料三类。其中，无机压电材料包括压电单晶体和压电多晶体（压电陶瓷）。压电单晶体指晶体空间点阵长程有序排列的晶体，晶体结构的不中心对称使其具有压电性。压电单晶体以铁电晶体为主，如钛酸钡（$BaTiO_3$）、铌酸锂（$LiNbO_3$）、钽酸锂（$LiTaO_3$）、铌酸锶钡（$Sr_{0.6}Ba_{0.4}Nb_2O_6$）、钛酸铋（$Bi_4Ti_3O_{12}$）、石英（SiO_2）和硫化镉（CdS）等。压电多晶体指压电单晶体经混合、成形和高温烧结，通过粉粒间的固相反应和烧结过程生成的微细晶体颗粒无规则集成的多晶体，包括锆钛酸铅与改性锆钛酸铅（PZT）、钛酸铅与改性钛酸铅（PT）、偏铌酸铅（$PbNb_2O_6$）和铌酸铅钡锂（Pb（$Li_{1/4}Nb_{3/4}$）O_3-$PbTiO_3$-$BaTiO_3$）等，其中锆钛酸铅是使用最多的压电多晶体。具有较强压电效应的有机压电材料有聚偏二氟乙烯（PVDF）及其共聚物、聚氯乙烯（PVC）、聚氟乙烯（PVF）和聚-γ-甲基-L-谷氨酸酯等。压电复合材料指两种及以上压电材料的复合材料，多为压电多晶体和有机压电材料的两相复合材料，如聚偏二氟乙烯活环氧树脂（PVDF-MER）[8]。表 2-6 总结了压电材料的分类。近年来，压电材料呈现出无铅化、高性能化和薄膜化的发展趋势[9]。

表 2-5 形状记忆合金和形状记忆聚合物特点比较

特点	形状记忆合金	形状记忆聚合物
优点	可重复编程和恢复次数大、兼具单向和双向形状记忆效应、形状恢复应力高	形状记忆效应显著、形变量大、恢复温度和硬度可调、感应温度低、生物相容性和降解能力强、易加工成形、成本低、适应范围广
缺点	形变量小、形状恢复温度和硬度固定	形变恢复应力和精度低、大多数仅具有单向记忆效应、可重复编程和恢复次数少

形状记忆材料因其形状记忆效应,已实现工业、生物医学、土木工程、航空航天和日常生活用品等多方面应用。下面重点介绍形状记忆合金和形状记忆聚合物的应用。形状记忆合金具有优良的能量耗散和阻尼能力,是土木工程、驱动器与机器人、航空航天和生物医学等领域开发各类构件设备的关键材料。在土木工程领域,形状记忆合金系统具有巨大潜力,许多基于形状记忆合金的系统已经集成到土木工程建筑物中,包括钢结构、木材结构、混凝土结构、钢梁-柱连接件、钢和钢-混凝土连接件、支撑系统、频率控制器、制音器、振动隔离系统和隔离装置等。在机器人领域,形状记忆合金线材和弹簧可以实现一维与三维间变形转换的功能结构,具有广泛的特性和执行要求,已经应用于生产各种具有刚性和柔性运动的机器人。在航空航天工程领域,形状记忆合金的应用包括变形机翼、推进系统方向和入口的几何形状定制,用于推力和噪声优化的可调几何人字形、隔离微振动、低冲击释放装置和主动展开太阳帆等。在生物医学工程领域,利用钛镍形状记忆合金的良好生物相容性,可以制造凝血过滤器、骨折固定板和脊椎矫正棒等。形状记忆合金的超弹性可以用作齿形矫正用丝等[5]。

近年来,基于形状记忆聚合物的 4D 打印技术、药物释放系统和可部署空间结构已经得到深入的发展。4D 打印技术指以形状记忆聚合物等可编程物质为打印耗材的 3D 打印技术,其可以响应环境刺激主动改变形状。4D 打印技术结合了 3D 打印技术和形状记忆聚合物的优势,可以在较短时间实现生物医学设备、航空航天和软体机器人等定制工具的设计和制造。利用形状记忆聚合物可以开发可控的药物释放系统。值得注意的是,药物需要浸入药物溶液后才能被装载到形状记忆聚合物中。形状记忆聚合物在药物溶液中发生溶胀,待药物分子充满形状记忆聚合物后干燥,才可以获得载药形状记忆聚合物。此外,形状记忆聚合物的轻质、低成本和主动变形特征使其适用于航空航天工程的可部署结构,如形状记忆聚合物可展开面板、反射器天线、铰链和重力梯度吊杆等。形状记忆聚合物在外界环境刺激下可以实现硬状态与软状态间的转变,具有损伤区域自愈能力[7]。

2.2.2 压电材料

压电材料是具有机-电耦合效应(即压电效应)的功能材料。压电效应包括正压电效应和负压电效应两类。正压电效应指压电材料受压力作用时,两端面间产生相位差。负压电效应指压电材料受电场作用时会产生机械内应力,进而发生形变。因此,正压电效应本质上是机械能转化为电能的过程,而负压电效应是电能转化为机械能的过程。图 2-3 为压电效应的原理图。

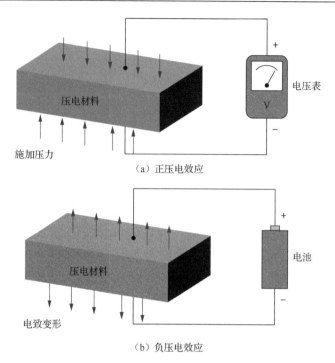

（a）正压电效应

（b）负压电效应

图 2-3　压电效应原理

正压电效应中，极化强度为

$$P = d_p \sigma \tag{2-1}$$

式中，d_p 为正压电常数（C/N）；σ 为外应力（N/m^2）。

负压电效应中，电致应变为

$$\varepsilon = d_t E \tag{2-2}$$

式中，d_t 为负压电常数（C/N）；E 为电场强度（V/m）。

按材料种类划分，压电材料分为无机压电材料、有机压电材料（压电聚合物）、压电复合材料三类。其中，无机压电材料包括压电单晶体和压电多晶体（压电陶瓷）。压电单晶体指晶体空间点阵长程有序排列的晶体，晶体结构的不中心对称使其具有压电性。压电单晶体以铁电晶体为主，如钛酸钡（BaTiO$_3$）、铌酸锂（LiNbO$_3$）、钽酸锂（LiTaO$_3$）、铌酸锶钡（Sr$_{0.6}$Ba$_{0.4}$Nb$_2$O$_6$）、钛酸铋（Bi$_4$Ti$_3$O$_{12}$）、石英（SiO$_2$）和硫化镉（CdS）等。压电多晶体指压电单晶体经混合、成形和高温烧结，通过粉粒间的固相反应和烧结过程生成的微细晶体颗粒无规则集成的多晶体，包括锆钛酸铅与改性锆钛酸铅（PZT）、钛酸铅与改性钛酸铅（PT）、偏铌酸铅（PbNb$_2$O$_6$）和铌酸铅钡锂（Pb（Li$_{1/4}$Nb$_{3/4}$）O$_3$-PbTiO$_3$-BaTiO$_3$）等，其中锆钛酸铅是使用最多的压电多晶体。具有较强压电效应的有机压电材料有聚偏二氟乙烯（PVDF）及其共聚物、聚氯乙烯（PVC）、聚氟乙烯（PVF）和聚-γ-甲基-L-谷氨酸酯等。压电复合材料指两种及以上压电材料的复合材料，多为压电多晶体和有机压电材料的两相复合材料，如聚偏二氟乙烯活环氧树脂（PVDF-MER）[8]。表 2-6 总结了压电材料的分类。近年来，压电材料呈现出无铅化、高性能化和薄膜化的发展趋势[9]。

表 2-6 压电材料分类

分类指标		材料种类
无机压电材料	压电单晶体	钛酸钡（$BaTiO_3$）、铌酸锂（$LiNbO_3$）、钽酸锂（$LiTaO_3$）、铌酸锶钡（$Sr_{0.6}Ba_{0.4}Nb_2O_6$）、钛酸铋（$Bi_4Ti_3O_{12}$）、石英（SiO_2）、硫化镉（CdS）
	压电多晶体（压电陶瓷）	锆钛酸铅与改性锆钛酸铅（PZT）、钛酸铅和改性钛酸铅（PT）、偏铌酸铅（$PbNb_2O_6$）、铌酸铅钡锂（$Pb（Li_{1/4}Nb_{3/4}）O_3$-$PbTiO_3$-$BaTiO_3$）
有机压电材料（压电聚合物）		聚偏二氟乙烯（PVDF）及其共聚物、聚氯乙烯（PVC）、聚氟乙烯（PVF）、聚-γ-甲基-L-谷氨酸酯
压电复合材料		两种及以上压电材料的复合材料

压电材料因其固有的机-电耦合效应（机械变形作用下产生电场，电场作用下产生机械变形）在工程中得到了广泛的应用，如生物传感器与制动器、能量收集与监测感知和可持续建筑结构等。可生物降解的生物相容性压电材料经先进的微加工/封装手段，可以开发无铅基压电材料毒性的生物传感器与制动器。这些生物设备可以安全地集成到生物系统中，用于感知生物力、诊断医学问题和刺激组织生长与愈合[10]。基于压电材料的正压电效应，压电材料能将施加的机械压力转化为电信号，使其可以广泛用于从机械负载、振动、人体运动和流体运动等机械运动中收集机械能并转化为电能。压电能量收集器具有设计简单、功率密度高和可扩展性高的优点，可以用作无线和自供电传感设备[11]。向普通水泥浆中掺入压电材料、碳颗粒和钢纤维，并经加热和施加电场等物理处理，可以制备较高压电容量的水泥基复合材料。利用该水泥基压电复合材料制造建筑结构，可以实现建筑物中的能量收集和自供电监测感知，具有可再生和可持续的特点[12]。

2.2.3 摩擦电材料

摩擦电材料是一类具有摩擦电效应的功能材料。摩擦电效应是静电感应和接触起电的耦合效应，指极性不同的双层材料（即摩擦对）通过摩擦产生静电极化电荷，它们在摩擦对间产生感应电荷，并驱动感应电荷在接触面间转移，实现机械能到电能的转化[13]。

自然界中，几乎所有材料都具有摩擦电效应，包括金属、木材、聚合物和丝绸等。然而，并非每一对摩擦电材料都具有较高的能量转化效率。摩擦对的电能输出取决于双层材料的极性差异大小，差异越大，摩擦对的能量转化效率越高，即输入等值的机械能，能产生更高的电能[14]。1757 年，Johan Carl Wilcke 首次总结了常见摩擦电材料的极性能力，如图 2-4 所示[15]。越靠近底部的材料越容易获得电子而带负电荷，越靠近顶部的材料越容易失去电子而带正电荷。

摩擦电材料独特的力电特性和良好的环境适应能力使其广泛应用于开发环境能量收集器、可穿戴电子设

图 2-4 常见摩擦电材料的极性能力[15]

备、仿生皮肤和植入式医疗机器人等。然而，这些技术设备对摩擦电材料的选择有严格的限制。例如，用于可穿戴电子设备的摩擦电材料应该是可编织的，用于仿生皮肤的摩擦电材料要求是可拉伸和透明的，用于植入式医疗机器人的摩擦电材料必须是可生物降解或吸收的[14]。

2.2.4　超导材料

超导材料（超导体）指在有限温度下电阻为零的导体，具有零电阻和完全抗磁性两大特征。超导体电阻转变为零的温度定义为超导临界温度。实现更高的超导临界温度，甚至室温超导是超导体研究领域的重要目标[16]。

超导体的分类暂时没有统一的标准。按照材料的磁场响应，超导体可分为第一类超导体和第二类超导体。第一类超导体仅存在一个临界磁场，临界磁场以上，超导体失去超导性。第二类超导体存在两个临界磁场，临界磁场间超导体允许部分磁场穿透。按照超导临界温度，超导体分为高温超导体和低温超导体。高温超导体指超导临界温度大于 40℃ 的超导体，其他超导体为低温超导体。按照材料的物质性，超导体分为单质超导体、合金超导体、化合物超导体和有机超导体。单质超导体包括汞（Hg）、铅（Pb）和铌（Nb）等。合金超导体包括锡铌合金和铌钛合金等。化合物超导体包括金属间超导体（如 MgB_2、Mo_3S_4、$PbMo_6S_8$、$SmRh_4B_4$ 和 YNi_2B_2C 等）、重费米子超导体（如 $CeCu_2Si_2$、UBe_{13}、UPt_3、$CeNi_2Ge_2$ 和 $CeCoIn_5$ 等）、铜酸盐超导体（$La_{2-x}Sr_xCuO_4$、$YBa_2Cu_3O_7$、$Bi_2Sr_2CaCu_2O_8$、$Bi_2Sr_2Ca_2Cu_3O_{12}$ 和 $HgBa_2Ca_3Cu_4O_{12}$ 等）、铁基超导体和铁硒基超导体等。有机超导体包括 TMTSF 盐、BEDT-TTF 盐、C_{60} 类有机超导体和脂肪族类有机超导体等[17]。表 2-7 展示了超导体的分类。

表 2-7　超导体分类

分类指标		材料种类
材料磁场响应		第一类超导体
		第二类超导体
超导临界温度		高温超导体
		低温超导体
材料 物质性	单质超导体	汞（Hg）、铅（Pb）、铌（Nb）
	合金超导体	锡铌合金、铌钛合金
	化合物超导体	金属间超导体（MgB_2、Mo_3S_4、$PbMo_6S_8$、$SmRh_4B_4$、YNi_2B_2C）、重费米子超导体（$CeCu_2Si_2$、UBe_{13}、UPt_3、$CeNi_2Ge_2$、$CeCoIn_5$）、铜酸盐超导体（$La_{2-x}Sr_xCuO_4$、$YBa_2Cu_3O_7$、$Bi_2Sr_2CaCu_2O_8$、$Bi_2Sr_2Ca_2Cu_3O_{12}$、$HgBa_2Ca_3Cu_4O_{12}$）、铁基超导体、铁硒基超导体
	有机超导体	TMTSF 盐、BEDT-TTF 盐、C_{60} 类有机超导体、脂肪族类有机超导体

由于零电阻和完全抗磁性，超导体已经在电力工业、电子工业、医学和军事中得到广泛的应用。在电力工业中，超导体可以用来制造电缆、故障限流器、变压器、发电机和储能装置。因为超导线材具有远高于铜导线的通电能力，所以能够有效降低电力传输损耗和提高信息处理效率。此外，超导体在核磁共振、核聚变和超导储能等电力工业中也有广泛

的应用前景,如磁悬浮列车和远洋船用超导磁体等。在电子工业中,超导体的应用包括超导滤波器、软件无线电用模拟数字转换器、快速单磁通量子器件和扫描超导量子干涉显微镜等。这些超导器件促进了超低功耗器件的制造和无阻塞网络通信应用的实现。在医学中,超导量子干涉器件极大地推动了脑造影仪和心磁图记录仪的开发,这为常规医疗手段无法诊断的疾病提供了一种非介入探查技术。在军事中,超导电磁炮、导弹用高精度超导陀螺、SQUID 磁强计、扫雷艇用直接制冷磁体、船用防弹系统用无电子激光器和舰船集成动力系统等基于超导体的技术设备也得到了广泛应用[18]。

2.2.5　多功能材料系统

多功能材料系统为集成了两种及以上不同组件和(或)材料(复合材料/结构)的系统。图 2-5 为多功能材料体系的构筑内涵。材料体系包括单一材料、复合材料、结构和材料与结构的组合,其中具有多功能的材料体系称为多功能材料体系。多功能材料系统通过将子系统的一个或多个功能整合到整体结构,消除对多余组件的需求并降低系统的质量体积,可以有效提高系统工作效率。按照集成方式的差异,多功能材料系统的三个分支为多功能材料、多功能复合材料、多功能结构[19]。

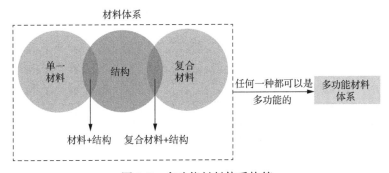

图 2-5　多功能材料体系构筑

目前,得到广泛研究和应用的多功能材料体系包括碳基纳米复合材料、功能梯度材料、形状记忆材料和压电材料等。其中,碳基纳米复合材料的碳纳米材料填料主要包括石墨烯、单壁与多壁碳纳米管和碳纳米纤维,它们是共价键合碳原子的不同空间构型。图 2-6 为典型碳纳米材料的微观空间构型。碳基纳米复合金属(常以铝、镁、铜和钛为基质)具有更强的强度、刚度和抗腐蚀性。碳基纳米复合陶瓷具有更高的韧性、导热性和导电性。碳基纳米复合聚合物具有更高的强度、模量、导热性和导电性。此外,基于碳纳米管的碳基纳米复合材料具有压阻性,有望替代传统压电材料,同时碳纳米纤维的碳基纳米复合材料降低了最大热释放速率[19]。功能梯度材料为从一种材料至另一种材料是渐进变化、不同材料间无明显界面的复合材料。按照渐进变化形式,功能梯度材料分为尺寸梯度材料、形状梯度材料、方向梯度材料、浓度梯度材料和连续梯度材料。图 2-7 为不同结构类型的功能梯度材料。由于不同材料间的平滑过渡,功能梯度材料有望削减传统复合材料中的机械与热应力和起始失效位置[20]。近年来,碳纳米管浓度梯度材料引起了人们广泛的研究兴趣,它们具有改进的强度、质量、尺寸稳定性、阻燃性和电导率[21]。形状记忆材料和压电材料的定义、分类和应用在 2.2.1 节和 2.2.2 节中已经详细介绍过，这里不再赘述。

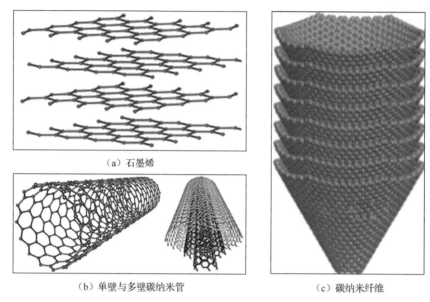

（a）石墨烯

（b）单壁与多壁碳纳米管　　　　　　（c）碳纳米纤维

图 2-6　典型碳纳米材料的微观空间构型

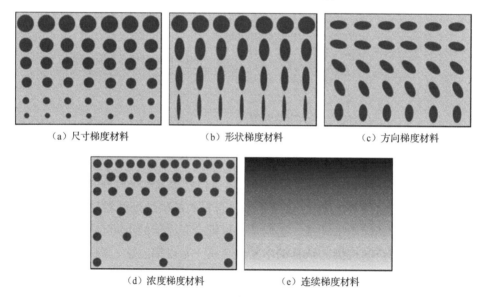

（a）尺寸梯度材料　　　　　（b）形状梯度材料　　　　　（c）方向梯度材料

（d）浓度梯度材料　　　　　（e）连续梯度材料

图 2-7　不同结构类型的功能梯度材料

多功能材料系统一经提出便在土木工程、交通运输、医疗、农业、环境和食品工程等领域得到广泛地开发和应用。目前，应用领域具体包括以下方面。①能源生产、储存和转化：多功能材料系统可以提高燃料电池、太阳能电池和储能设备等电源的储能密度和转换效率。②施工：基于多功能材料系统的建筑材料可以实现耐久性增强、自修复和自监测，提升了建筑结构的安全性。③多功能机械设备：多功能材料系统具有节能、防护、轻量化和智能化的优点，能够提升汽车和飞行器等机械设备的性能。④健康监测和疾病诊断：多功能材料系统可以监测生物的生理参数和活动水平等健康状况，并提供实时、灵敏和精确的诊断平台。⑤药物传递：多功能材料系统可以实现药物装载和传递，靶向定位控释药物，进而提高疗效、减轻副作用。⑥农业生产：多功能材料系统可以改良土壤、调控植物生长速度以及检测与控制病媒生物与害虫，提高农业生产力。⑦污染处理和修复：多功能材料系统可以用于受污染水体和大气的过滤、有害物质吸附和污染物降解，提高水体和大气的质量。⑧食品加工和储存：多功能材料系统可以用于食品检测、包装、保鲜和冷藏等环节，保障食品的安全性[19]。综上所述，多功能材料系统的应用能促进多个领域高效、可持续和环境友好型发展，是推动科技进步和社会发展的重要因素。

2.3　超材料：以力学超材料为例

超材料是周期性排列的人工微结构单元构筑的功能材料，具有自然界中不存在的宏观优越特性，如力、光、声和热等方面的超常功能。超材料的属性取决于并决定于微结构单元的几何形状和尺寸。以功能类别划分，超材料可分为力学超材料、光学超材料、声学超材料和热学超材料等[22]。

2.3.1　力学超材料的定义与常见制备技术

力学超材料是超材料的重要分支，通过人工微结构单元几何形状、几何尺寸、排列方式等的设计增强整体结构的力学性能。力学超材料的优越特性和超常功能主要包括负泊松比、负热膨胀、负剪切模量、负可压缩性、双稳态特性（杨氏模量可调节）、超流体行为（剪切模量远小于体积模量）、低密高强等[23]。力学超材料的制备技术主要包括增材制造技术、熔体静电纺丝技术、原子层沉积技术等。其中，增材制造技术，又称 3D 打印技术，指通过材料的逐层累加制造实体的方法。它们是一类"自下而上"的制造策略。根据结构差异及应用场景的区别，可以运用不同的增材制造技术制备不同尺度的力学超材料，包括熔融沉积成形（Fused Deposition Modeling，FDM）、直接墨水书写（Direct Ink Writing，DIW）、光固化立体光刻（Stereo Lithography Appearance，SLA）、直接金属激光烧结（Direct Metal Laser Sintering，DMLS）、选择性激光烧结（Selective Laser Sintering，SLS）和电子束融化（Electron Beam Melting，EBM）等。熔体静电纺丝技术是一种发展于熔融沉积建模的直接书写方法，主要用于制造具有周期性图案的脚手架元结构，以及生物工程中的多功能复合材料与合成组织结构体。静电纺丝指利用电荷从液体或熔化液中抽取微/纳米纤维的过程，而熔体静电纺丝是静电纺丝的一种，其溶剂为熔化的聚合物[24]。与增材制造技术和熔体静电纺丝技术不同，原子层沉积技术指将材料以单层原子膜形式逐层镀在基底的方法，厚度控制具有纳米级的精度。原子层沉积技术可以用于制造和加工大规模和多种结构[25]。图 2-8～图 2-11 为典型的力学超材料制备技术及相关实例[24,26-28]。

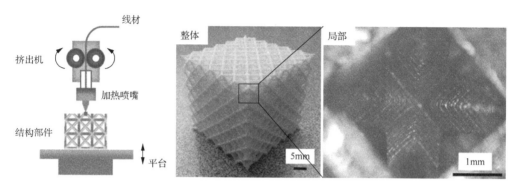

图 2-8　熔融沉积建模的设备和工作原理示意图，以及基于熔融沉积建模制备的
聚合物八角桁架晶格[26]

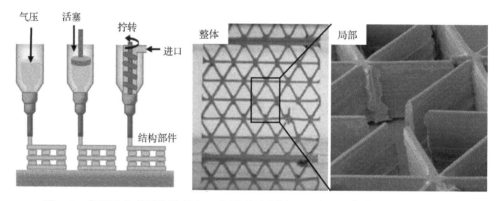

图 2-9　直接墨水书写的设备和工作原理示意图，以及基于直接墨水书写制备的
木材启发的蜂窝纤维增强环氧树脂复合材料[27]

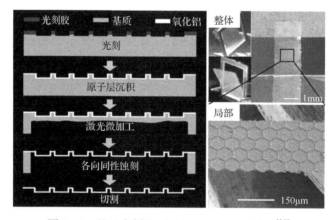

图 2-10　基于光刻和原子层沉积制备波纹板[28]

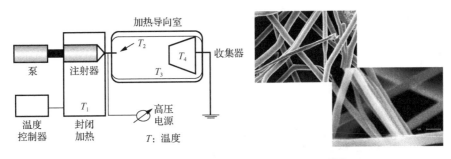

图 2-11　基于熔体静电纺丝制备纺织材料[24]

2.3.2　力学超材料的典型分类方法

力学超材料通常按力学性能和人工微结构单元的几何结构分类。其中,力学性能分类通常与四个弹性常数有关,即杨氏模量(E)、剪切模量(G)、体积模量(K)和泊松比(ν)。其中,杨氏模量、剪切模量和体积模量分别是衡量材料劲度、刚度和可压缩性的指标。根据弹性常数的不同,力学超材料可分为负泊松比拉胀材料、负热膨胀材料、负压缩性材料、模式转换刚度可调材料、剪切模量消隐五模式反胀材料、低密超强仿晶格材料和折/剪纸超表面材料等。按人工微结构单元的几何结构分类,力学超材料分为手性力学超材料、折/剪纸力学超材料和蜂窝力学超材料[21]。表 2-8 总结比较了力学超材料的两类分类方法。接下来,根据人工微结构单元的几何结构分类,分别对手性力学超材料、折/剪纸力学超材料、蜂窝力学超材料进行详细介绍。

表 2-8　力学超材料的两类分类方法

分类指标	材料种类
力学性能	负泊松比拉胀材料、负热膨胀材料、负压缩性材料、模式转换刚度可调材料、剪切模量消隐五模式反胀材料、低密超强仿晶格材料、折/剪纸超表面材料
人工微结构单元几何结构	手性力学超材料、折/剪纸力学超材料、蜂窝力学超材料

2.3.3　手性力学超材料

"手性"这一术语由威廉·汤姆森在 1893 年首次提出,其定义为如果某物体不能仅通过平移和旋转与其镜像重合,则该物体具有手性特征。手性力学超材料主要基于手性单元的韧带弯曲和胞元旋转,通过力平衡原理、动量守恒原理、微极弹性原理、均匀化理论和应变能分析等方法研究变形机制和力学行为。手性力学超材料常具有负泊松比、负热膨胀、带隙特征和振动与冲击能量吸收等优异性能[29]。

手性力学超材料遵循二维到三维的发展规律。图 2-12 为一种能够在大变形范围内保持泊松比为-1 的手性蜂窝板。这项突破标志着手性力学超材料的诞生[30]。接下来,设计和开发了一系列二维手性力学超材料,包括拉胀旋转多边形结构、拉胀超四手性结构和双负手性力学超材料[29]。启发于二维手性力学超材料在平面内周期性排列手性单元,研究人员通过在三维空间内周期性延拓手性单元设计出了三维手性力学超材料。图 2-13 和图 2-14 是两类典型的三维手性力学超材料，即手性管[31]和手性方体[32]。其中，手性管通常由卷曲二维手性力学超材料得到，手性方体一般是二维手性力学超材料在第三方向上的堆叠。三维手性力学超材料拓展了二维手性力学超材料的力学性能，为手性力学超材料在工程领域的多功能应用提供了更多可能性。

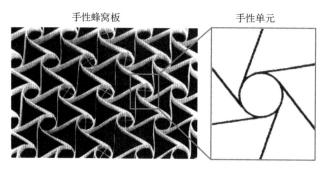

图 2-12　手性蜂窝板[30]

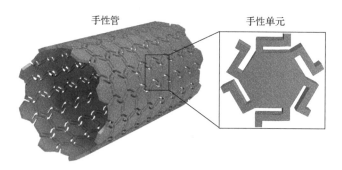

图 2-13　手性管[31]

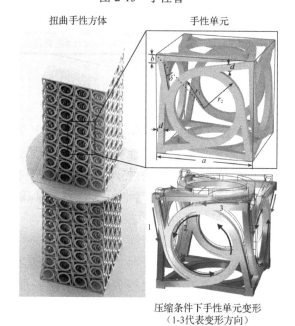

图 2-14　具有扭曲度的手性方体[32]

手性力学超材料的优异性能使其在许多工业领域都得到多功能应用，如拉胀支架、变形机翼、智能结构和柔性电子器件等[29]。在拉胀支架方面，具有（椭）圆形胞元的手性力学超材料是近年来的研究热点之一，可以支撑血管用于治疗冠心病等。它们的径向扩张能力较强，而轴向扩张能力较弱，因此可以在径向支撑血管的同时，较大削弱轴向扩张对血管的损伤，从而降低支架的副作用、提高患者的舒适度。在变形机翼方面，研究人员设计和研究了具有手性拓扑结构的机翼。研究发现，通过调节手性单元的几何参数，机翼能产生较大面内剪切刚度和弦向（翼弦方向）柔度。此外，通过改变机翼形状可以适应和控制不同速度的飞行，提升飞行的安全性、稳定性和效率。在智能结构方面，研究人员利用形状记忆合金、形状记忆聚合物和磁性复合材料等刺激-响应材料制备手性力学超材料，开发了一系列智能结构。这些智能结构结合了手性力学超材料的结构优势和刺激-响应材料的材料优势，兼具力学性能可调和环境自适应性等结构-材料耦合特性，拓宽了手性力学超材料的应用场景。在柔性电子器件方面，近年来，研究人员设计和开发了各式各样的手性柔性电子器件，并在精密传感、基于机械生物学的组织支架以及支持宽频带操作的机械能收集器等领域展现出巨大的潜力[29]。

2.3.4　折/剪纸力学超材料

折纸方法是不经过裁剪和粘接，而仅通过折叠实现二维纸张到三维结构（折纸结构）的策略。通过对折纸结构进行平铺和堆叠形成的空间拓扑结构称为折纸力学超材料，其中平铺指将折纸结构视为单胞，在平面上以平移对称形式平铺形成平面折纸薄板，堆叠指将多层平面折纸薄板沿垂直于平面的方向堆叠，形成空间拓扑结构。折纸结构和折纸力学超材料由于多次折叠，通常具有非线性本构、多稳态、负泊松比、负体积模量、刚度跳跃等超常力学特性[33]。与折纸方法相对应，剪纸方法定义为仅通过裁剪或通过裁剪与折叠实现二维纸张到二维或三维结构（剪纸结构）的策略。通常而言，对纸张进行适当裁剪后再折叠，使剪纸能够产生比折纸更多样和复杂的结构和力学超材料[34]。

根据能量分布，折纸力学超材料分为刚性和可变形两类。其中，刚性折纸力学超材料包括 Miura 折纸、组合 Miura 折纸、多自由度折纸；可变形折纸力学超材料包括可变形刚性折纸、Kresling 折纸、弯曲折纸等[35]。图 2-15 和图 2-16 分别是 Miura 刚性折纸和可变形刚性折纸[35]。根据加工过程，剪纸力学超材料分为仅裁剪加工和裁剪与折叠耦合加工两类。仅裁剪加工的剪纸力学超材料包括分形裁剪剪纸和带状剪纸。裁剪与折叠耦合加工的剪纸力学超材料包括晶格剪纸、锯齿状剪纸和闭环剪纸[34]。图 2-17 和图 2-18 分别是分形裁剪剪纸和晶格剪纸[36,37]。

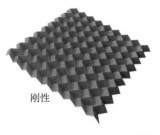

图 2-15　Miura 刚性折纸[35]

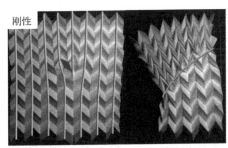

图 2-16　可变形刚性折纸[35]

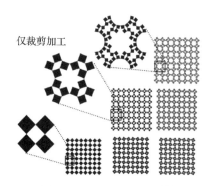

图 2-17　分形裁剪剪纸[36]

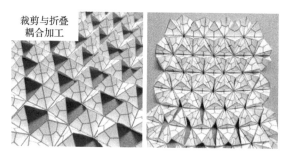

图 2-18　晶格剪纸[37]

折/剪纸力学超材料具有可部署、可调谐、可展开、可重构、自驱动、轻质和易于制造的优点，使其在生物医学工程、仿生工程、机器人、建筑工程和航空航天等领域有广阔的应用前景[38]。在生物医学工程领域，折/剪纸力学超材料已广泛应用于组织与血管支架、导管、药物输送设备、微流体设备和生物传感器等。因为折纸结构和剪纸结构均具有从二维纸张到三维结构的变形特点，能提供大量结构设计方法，为适应生物系统和生物相容性提供了可能。例如，基于折/剪纸力学超材料的优异特性和独特结构设计，可以开发高灵敏度的生物传感器。它们可以检测生物分子、监测细胞活动和标记特定生物，在药物筛选、疾病诊断和基因分析等方面具有重要作用。折纸力学超材料在可变形设备和自组装制造等领域也实现了一定应用。在软体机器人领域，Miura 折纸、折纸伸缩柱、水弹结构、Flasher 结构和 Yoshimura 折痕等均实现了应用。以 Yoshimura 折痕为例，通过对软体机器人材料设计 Yoshimura 折痕，可以实现可变的机器人形态。这使软体机器人能够适应更复杂的工作环境和任务需求，例如，收缩身体以穿越狭窄的通道。在航空航天领域，折/剪纸力学超材料的可部署、可展开、可重构和轻质等优点使其能够满足轻质、运输时尺寸小而部署时尺寸大的太空结构要求[38]。

2.3.5　蜂窝力学超材料

蜂窝材料通常由微结构单元格周期性组合形成，其单元以互连的支柱-隔板构成基本边界和表面。由于孔隙或空腔的存在，蜂窝材料具有轻质、高比强度和耐疲劳的优点。基于蜂窝材料结构特性设计的蜂窝力学超材料，其力学性能可以通过结构、材料（物质或成分）和相对密度确定[39]。相对密度的计算公式为

$$相对密度 = \frac{蜂窝力学超材料密度}{材料密度} \tag{2-3}$$

类似于蜂窝材料，蜂窝力学超材料可根据孔隙的闭合情况分为开孔蜂窝力学超材料、闭孔蜂窝力学超材料。其中，开孔蜂窝力学超材料的微观结构仅由三维空间中的互连支柱网络排列形成，而闭孔蜂窝力学超材料的微观结构包括具有一定长度和厚度的隔板和单元格表面。晶格力学超材料是一类特殊的开孔蜂窝力学超材料，其结构单元仅由梁或杆组成。晶格力学超材料的设计目标是追求极端力学特性、可编程性和多功能性。研究人员正致力于设计、制造和应用具有上述三种特性的晶格力学超材料，以探索它们在各个领域的应用潜力[40]。图 2-19 为折纸启发的可变形蜂窝力学超材料，它是典型的闭孔蜂窝力学超材料[41]。图 2-20 为玻璃状碳纳米晶格[42]。根据微结构单元格的变形机制，蜂窝力学超材料又可分为拉伸主导蜂窝力学超材料和弯曲主导蜂窝力学超材料[37]。其中，拉伸主导蜂窝力学超材料在外力作用下，微结构单元格发生以拉伸为主的变形，并且结构在对应的拉伸方向上具有较高的刚度和强度。同理，弯曲主导蜂窝力学超材料受外力时，微结构单元格发生以弯曲为主的变形，并且结构在对应的弯曲方向上具有较高的刚度和强度。

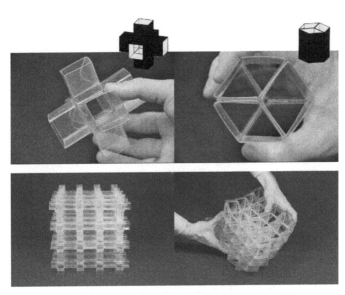

图 2-19 折纸启发的可变形蜂窝力学超材料[41]

图 2-20 玻璃状碳纳米晶格[42]

相较于其他两类力学超材料，蜂窝力学超材料具有最大的单位质量结构密度，使其具有轻质、高比强度和耐疲劳的优异特性。因此，蜂窝力学超材料适用于严格要求质量和强度的工程，并已经应用在航空航天、装甲、汽车等工程领域。以航空航天领域为例，航天器在进入大气层时处于极高的压强和冲击环境中，蜂窝力学超材料可以充当抗压与抗冲击防护层，包覆在航天器表面使其免受物理损伤。此外，航天器通常需要太阳能供电。将蜂窝力学超材料应用于太阳能电池板的结构设计中，有望实现轻质、高太阳能收集能力和高太阳能转化效率[39]。

2.3.6　力学功能超材料

力学功能超材料是利用（或结合）功能材料一体化制备，融合数字电子与人工智能等技术的力学超材料。力学功能超材料通过技术交叉结合先进功能材料、微结构单元设计和先进制造技术等的优势，实现能量收集和监测感知等多功能应用[43]。图 2-21 为四种典型的力学功能超材料，包括基于摩擦电材料的摩擦力学超材料、基于压电材料的压电力学超材料、基于刺激-响应材料的主动力学超材料和基于数字电子的计算力学超材料。

图 2-21　基于技术交叉的力学功能超材料

压电纳米发电机（Piezoelectric Nanogenerators，PENG）和摩擦纳米发电机（Triboelectric Nanogenerators，TENG）可以将外部环境中的机械能转化为电能，是一种绿色的能源解决方案[44,45]。压电纳米发电机作为一种基于振动的能量收集策略，在低频激励（约 1Hz）下其准静态力学响应严重影响电学输出性能。力学超材料具有超越传统材料和结构的力学性能，采用力学超材料的结构方法设计压电纳米发电机，可以构筑压电力学超材料，有效提高能量收集效率。利用多材料制备的力学超材料的全部组件作为构筑摩擦纳米发电机的载体，可以获得摩擦力学超材料。摩擦力学超材料能够实现少耗材、低成本、多模式和多样化的摩擦纳米发电机，是一种轻量化和高效率的能量收集策略[43]。

利用刺激-响应材料（如形状记忆聚合物、软磁材料）制备的主动力学超材料，结合了刺激-响应材料的可控性与效率和力学超材料的优越力学性能，是实现高度可控的自适应性的有效策略。主动力学超材料的力学性能同时受到外界环境和微结构设计的影响，可以在外界环境刺激下自适应地调整形状和力学性能。主动力学超材料的潜在应用包括可穿戴设备、电子皮肤、隐形斗篷、柔性电池、软体机器人、仿生抓手、血管支架、抗冲击结构和微流体等[46]。

计算力学超材料将数字电子技术融入力学超材料设计，能够基于机械机制（如形状、刚度和强度等材料结构属性）实现信息处理和存储。计算力学超材料具有三层框架，包括机械位抽象、力学计算架构和环境交互与输入输出。其中，机械位抽象部分以组合逻辑为计算模型，如机械二进制数字位抽象（0 和 1）。力学计算架构部分的目标是组合机械位抽象部分的单元，构筑分布式信息网络，实现更复杂的信息处理、信息存储和逻辑运算。环境交互与输入输出部分解决的是计算力学超材料和环境间的感知和交互问题[47]。以两种典型的计算力学超材料为例，基于双稳态结构单元进行机械二进制数字位抽象。每个数字位可以在两个稳定状态间相互独立和可逆地转换，因此具有稳定记忆功能，通过组合双稳态结构单元构筑的计算力学超材料可以充当记忆储存器[48]。整合柔性力学超材料和可重构集成电路开关网络的力学集成电路材料是另一类计算力学超材料的实现策略。该计算力学超材料采用 Quine-McCluskey 法，最小化组合逻辑的规范函数，能够实现数字比较、算数和二进制信息的可视化[49]。

2.4　数据驱动的新型结构化材料

2.4.1　大数据与人工智能技术

大数据通常指无法在对应时间内，借助常规或传统方法采集、捕捉或管理的数据集合，必须通过其他处理方法捕捉信息价值。大数据具有规模性、多样性、时效性、价值密度、真实性、易变性、黏性、邻近性、传播性、有效性和模糊性。表 2-9 总结了每种特征的详细定义。大数据处理的一般流程包括数据采集与存储、数据抽取与集成、数据分析、数据解释等。其中，数据分析指处理从异构数据源抽取与集成的数据，是大数据处理的核心[50]。图 2-22 为大数据处理的一般流程。

表 2-9　大数据特征及其定义

特征	定义
规模性	数据规模可达 EB（2^{60} B）
多样性	数据的形态和格式多样，包括文本、音频、图片和视频数据
时效性	数据能在一定时间内及时得到处理
价值密度	信息价值的产生需要经过大数据处理

续表

特征	定义
真实性	数据采集的质量影响数据分析的准确性
易变性	数据流的格式易变
黏性	数据流间的关联强弱
邻近性	数据资源获取的远近
传播性	网络中数据传播的速度
有效性	数据的有效性和存储寿命
模糊性	由于方法的多样性和局限性,采集的数据具有模糊性

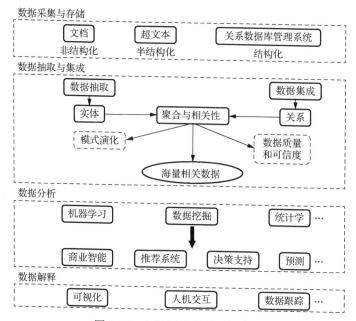

图 2-22　大数据处理的一般流程

　　人工智能是能够代替人类实现与人类智能类似功能的智能机器,如学习、思考等脑力活动和行走、运动等体力活动。在现代科学技术背景下,人工智能是融合了计算机和逻辑学等现代智能技术的交叉科学[51]。不同于依赖因变量与自变量间先验关系的传统统计方法,人工智能可以在大量训练数据间捕捉细微规律,进而识别输入与输出变量间的关系。由于结构化材料的结构设计复杂(如力学超材料的微结构单元),物理模型的开发通常具有挑战性,因此将人工智能应用于结构化材料引起了极大关注[25]。人工智能技术内容详见第 3 章。

2.4.2　大数据驱动的智能结构化材料

　　基于从大量观测数据中捕捉潜在关系的能力,以机器学习为主的人工智能算法已在结构化材料的材料设计、结构优化、性能预测等方面得到广泛应用。图 2-23 为基于机器学习支持的智能结构化材料开发范式。其中,结构化材料中的人工智能应用可分为技术领域(如人工智能算法）和实用领域（如人工智能拓展的功能）。人工智能在结构化材料中的应用包括五个步骤：①收集、划分训练和测试数据；②数据预处理，包括删除异常数据和归一化等；③通过数值优化算法训练人工智能预测模型，以调整变量；④利用测试数据验证预测模型的精准度；⑤根据预测模型生成新数据[25]。

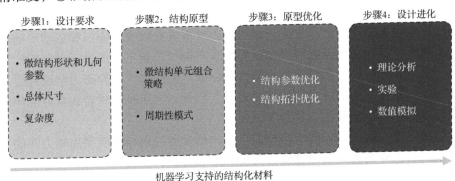

图 2-23　基于机器学习支持的智能结构化材料开发范式

以力学超材料为例，人工智能技术可用于建立微结构形状、几何参数（自变量）与力学性能（因变量）间的关系，实现可调控的力学性能。因为微结构单元复杂多样，运用传统统计方法较难定量预测力学超材料的力学性能。人工智能在力学超材料中的应用包括材料和结构两个方面。在材料方面，人工智能可以帮助确定材料，或者选择不同的功能材料设计实现先进复合材料。在结构方面，人工智能主要用于力学超材料的微结构设计。图 2-24 为基于遗传编程算法的力学超材料响应预测和逆设计的示意图[25]。本书作者团队于 2020 年提出了一种新型遗传计算模型，用于预测六边形波纹板的拉伸刚度和弯曲刚度。首先通过 ABAQUS 有限元分析得到了数千组数据，然后基于遗传计算开发了预测模型[28]。不同于焦鹏程团队的预测模型，哈佛大学 Bertoldi 团队于

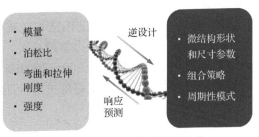

图 2-24　基于遗传编程算法的力学超材料响应预测和逆设计

2021 年基于人工神经网络开发了预测模型。首先建立了基于铰接四边形的力学超材料的应力-应变响应与形状参数间的关系，然后通过结合人工神经网络和进化计算，实现特定应力-应变响应的单元形状逆向设计[52]。

总而言之，结构化材料的多样化结构设计为下一代智能材料的开发提供了无限可能性。然而，实验测试价格昂贵、理论建模困难和有限元分析计算成本过高等原因限制了人类对结构化材料的进一步探索。幸运的是，通过引入人工智能可以巧妙地避免上述问题，无须大规模制备和测试就能获得结构设计和力学响应间的潜在关系。毋庸置疑，大数据和人工智能驱动的智能结构化材料将是结构化材料领域的未来重要发展方向。

2.4.3　水声调控结构化材料

以超材料为主的结构化材料具有负泊松比、负刚度和力学参数可调等优越特性，使其

在海洋土木工程领域具有广阔的应用前景。其中，声学覆盖层是具有调控、隔离和吸收水声声波能力的功能材料，常铺设在水下装备表面，提升声呐探测与水声通信的能力，对抗主动与被动声呐探测。现有的声学覆盖层根据不同的声学功能可以分为水声绕射调控材料、水声隔声去耦材料、水声吸声材料等。其中，水声绕射调控材料在声波入射至材料后，能够调控它的传播方向以调控回波特性。水声隔声去耦材料能够阻断或隔离被覆盖结构由于内部振动向水中辐射的声透射和噪声。水声吸声材料具有吸收自噪声和主动声呐探测声波的功能。水声吸声材料和水声隔声去耦材料的水声调控性能主要取决于材料的变形能力。然而，水下材料和结构通常需要约束内部变形以满足耐静水压等静态力学设计要求，导致在动态荷载下材料和结构的声波调控能力减弱。因此，水声吸声材料和水声隔声去耦材料难以实现高效的低频声波吸收、耦合和隔离[22]。

　　力学超材料有望解决"传统水声覆盖层的内部变形约束和声波调控能力间的矛盾"问题。力学超材料能够通过编辑微结构的几何和形状参数调整材料内部的变形和约束，形成软变形谐振和局部机构位移模式等，从而有效提升材料对于声波的吸收、耦合和隔离能力。例如，图 2-25 为利用丙烯腈-丁二烯-苯乙烯（ABS）、聚二甲基硅氧烷（PDMS）和压电贴片，采用交替排列结构设计开发的结构各向异性弹性波斗篷。其中，压电贴片与主动控制系统相连以调节等效弹性模量。通过实验验证了该力学超材料斗篷的超宽带特性和带宽可调功能，可以实现水声绕射调控[53]。图 2-26 为一种水声隔声去耦力学超材料，它的单元由声学空腔和金属薄板组成。能带结构和波动模态分析结构显示其存在两种带隙特性。基于局域共振原理和布拉格隔声频带的耦合设计可以增强单元共振模态和多重散射声场间的相互作用，从而实现隔声频段的拓宽和衰减程度的增强[54]。图 2-27 为一种单元内包含多个共振单元（局域共振单元）的力学超材料，可以实现水声吸声的功能。在单元多重散射和共振耦合的作用下，可以实现 200～2000Hz 的低频吸声功能。此外，由于局域共振单元的实心设计，力学超材料具有更好的抗压性能[55]。

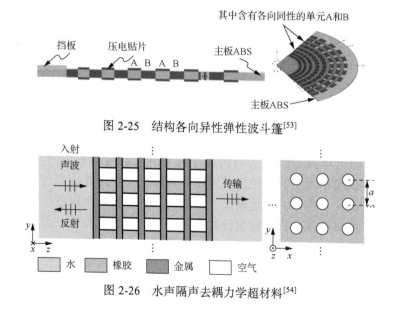

图 2-25　结构各向异性弹性波斗篷[53]

图 2-26　水声隔声去耦力学超材料[54]

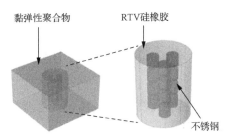

图 2-27　局域共振力学超材料[55]

2.4.4　抗冲减振结构化材料

机械振动广泛存在于海洋土木工程结构和装备中,有害振动将对结构和装备的安全性、可靠性、使用寿命、精度产生恶劣影响。振动引起的辐射噪声对环境和人体健康也会造成危害,因此减振技术广泛应用于海洋土木工程结构和装备中。目前,海洋土木工程中的船舶和水下直升机等装备通常采用轻质、高刚度、高强度材料,实现机动强、航程远、耗能低、荷载大等目标。为实现高刚度、高强度等性能,需要约束海洋装备的材料和结构内部变形。然而,这导致材料和结构在动态荷载下的波能耗散能力(阻尼特性)降低。静态力学性能设计(高刚度)和动态功能(高阻尼特性)的矛盾是海洋土木工程结构和装备振动控制领域亟须解决的问题。传统的振动控制技术,如减振器、动力吸振器、阻尼器和黏弹性阻尼材料等严重受到质量和空间等工程约束的影响,特别是在宽带、低频振动能量的控制和耗散上[22]。

将力学超材料运用到海洋土木工程结构和装备的设计中,可以增强材料和结构与低频波传播的耦合作用,进而增强波能控制和耗散能力,实现兼具高刚度和高阻尼特性的材料和结构。目前,基于力学超材料的抗冲减振研究主要集中在波调控机理和宽带、低频减振结构设计(如超材料单元设计和带隙展宽设计等)方面[22]。以抗冲减振方案为例,基于热超材料"隐身斗篷"相似的坐标变换原理,通过具有特殊结构设计的力学超材料蒙皮裹覆被保护物,可达到机械波绕开物体的目的。组合负泊松比和负刚度的力学超材料,可以开发针对不同频率波的抗冲减振结构化材料[56]。此外,基于声子晶体和局域共振原理,可以开发适用于中低频波的被动抗冲减振结构。通过编辑结构单元的形状和几何参数,可以调控减振带隙的带宽和位置,被动减振频率能够达到 100Hz 以内[57]。图 2-28 为基于声子晶体和局域共振结构的力学超材料的整体和单元构造。

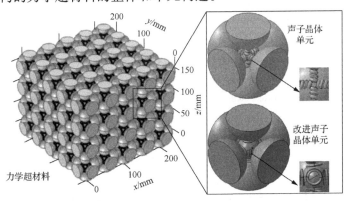

图 2-28　基于声子晶体和局域共振结构的力学超材料的整体和单元构造[57]

2.5　本　章　小　结

　　本章重点介绍了功能材料和结构化材料，具体包括功能材料、超材料、数据驱动的新型结构化材料与海洋土木结构化材料三部分。其中，第一部分解释了功能材料的定义和分类，介绍了四类典型功能材料，即形状记忆材料、压电材料、摩擦电材料与超导材料，并介绍了多功能材料系统。第二部分从定义、制备和分类介绍了以力学超材料为主的超材料，并结合功能材料提出力学功能超材料。第三部分主要总结了大数据和人工智能驱动的智能结构化材料的研究现状和前景，介绍了两类典型海洋土木结构化材料，即水声调控结构化材料和抗冲减振结构化材料。本章旨在深入了解功能材料和结构化材料，并认识到它们在基础研究和工程应用中的重要性和潜力。

参　考　文　献

[1] 张金升, 许凤秀, 王英姿, 等. 功能材料综述[J]. 现代技术陶瓷, 2003,24(3): 40-44.

[2] 马如璋. 功能材料学概论[M]. 北京: 冶金工业出版社, 1999.

[3] 贡长生, 张克立. 新型功能材料[M]. 北京: 化学工业出版社, 2001.

[4] 郭卫红, 汪济奎. 现代功能材料及其应用[M]. 北京: 化学工业出版社, 2002.

[5] 吴青松, 卢金富, 王晓敏, 等. 形状记忆材料的研究和应用[J]. 化工新型材料,2014 ,42(8): 190-191, 195.

[6] HUANG W M, DING Z, WANG C C, et al. Shape memory materials[J]. Materials today, 2010, 13(7-8): 54-61.

[7] XIA Y L, HE Y, ZHANG F H, et al. A review of shape memory polymers and composites: mechanisms, materials, and applications[J]. Advanced materials, 2021, 33(6): 2000713.

[8] HABIB M, LANTGIOS I, HORNBOSTEL K. A review of ceramic, polymer and composite piezoelectric materials[J]. Journal of physics D: applied physics, 2022, 55(42): 423002.

[9] 温建强, 章力旺. 压电材料的研究新进展[J]. 应用声学,2013, 32(5): 413-418.

[10] CHORSI M T, CURRY E J, CHORSI H T, et al. Piezoelectric biomaterials for sensors and actuators[J]. Advanced materials, 2019, 31(1): 1802084.

[11] MAHAPATRA S D, MOHAPATRA P C, ARIA A I, et al. Piezoelectric materials for energy harvesting and sensing applications: roadmap for future smart materials[J]. Advanced science, 2021, 8(17): 2100864.

[12] CHEN J Y, QIU Q W, HAN Y L, et al. Piezoelectric materials for sustainable building structures: fundamentals and applications[J]. Renewable and sustainable energy reviews, 2019, 101: 14-25.

[13] NIU S M, WANG X F, YI F, et al. A universal self-charging system driven by random biomechanical energy for sustainable operation of mobile electronics[J]. Nature communications, 2015, 6: 8975.

[14] YU A F, ZHU Y X, WANG W, et al. Progress in triboelectric materials: toward high performance and widespread applications[J]. Advanced functional materials, 2019, 29(41): 1900098.

[15] WILCKE J C. Disputatio physica experimentalis, de electricitatibus contrariis[M]. Adler, Rostock: Typis Ioannis Iacobi Adleri, 1757.

[16] DROZDOV A P, KONG P P, MINKOV V S, et al. Superconductivity at 250K in lanthanum hydride under high pressures[J]. Nature, 2019, 569(7757): 528-531.

[17]　闻海虎. 新型高温超导材料研究进展[J]. 材料研究学报, 2015, 29(4): 241-254.

[18]　李春杏. 浅谈超导体材料的应用与发展[J]. 科技创新导报, 2009(29): 222.

[19]　FERREIRA A D B L, NÓVOA P R O, MARQUES A T. Multifunctional material systems: a state-of-the-art review[J]. Composite structures, 2016, 151: 3-35.

[20]　ZHAO S Y, ZHAO Z, YANG Z C, et al. Functionally graded graphene reinforced composite structures: a review[J]. Engineering structures, 2020, 210: 110339.

[21]　UDUPA G, RAO S S, GANGADHARAN K V. Future applications of carbon nanotube reinforced functionally graded composite materials[C]. IEEE-International Conference on Advances in Engineering, Science and Management (ICAESM-2012). Nagapattinam, India: IEEE, 2012: 399-404.

[22]　尹剑飞, 蔡力, 方鑫, 等. 力学超材料研究进展与减振降噪应用[J]. 力学进展, 2022, 52(3): 508-586.

[23]　YU X L, ZHOU J, LIANG H Y, et al. Mechanical metamaterials associated with stiffness, rigidity and compressibility: a brief review[J]. Progress in materials science, 2018, 94: 114-173.

[24]　LEE S, OBENDORF S K. Developing protective textile materials as barriers to liquid penetration using melt-electrospinning[J]. Journal of applied polymer science, 2006, 102(4), 3430-3437.

[25]　JIAO P C, ALAVI A H. Artificial intelligence-enabled smart mechanical metamaterials: advent and future trends[J]. International materials reviews, 2021, 66(6): 365-393.

[26]　KAUR M, YUN T G, HAN S M, et al. 3D printed stretching-dominated micro-trusses[J]. Materials & design, 2017, 134: 272-280.

[27]　COMPTON B G, LEWIS J A. 3D-printing of lightweight cellular composites[J]. Advanced materials, 2014, 26(34): 5930-5935.

[28]　JIAO P C, ALAVI A H. Evolutionary computation for design and characterization of nanoscale metastructures[J]. Applied materials today, 2020, 21: 100816.

[29]　WU W W, HU W X, QIAN G A, et al. Mechanical design and multifunctional applications of chiral mechanical metamaterials: a review[J]. Materials & design, 2019, 180: 107950.

[30]　PRALL D, LAKES R S. Properties of a chiral honeycomb with a Poisson's ratio of -1[J]. International journal of mechanical sciences, 1997, 39(3): 305-307, 309-314.

[31]　WANG J J, ZHANG H, HONG L Q, et al. Thermomechanical buckling of tubularly chiral thermo-metamaterials[J]. Thin-walled structures, 2023, 183: 110344.

[32]　FRENZEL T, KADIC M, WEGENER M. Three-dimensional mechanical metamaterials with a twist[J]. Science, 2017, 358(6366): 1072-1074.

[33]　方虹斌, 吴海平, 刘作林, 等. 折纸结构和折纸超材料动力学研究进展[J]. 力学学报, 2022, 54(1): 1-38.

[34]　SUN Y, YE W J, CHEN Y, et al. Geometric design classification of kirigami-inspired metastructures and metamaterials[J]. Structures, 2021, 33: 3633-3643.

[35]　ZHAI Z R, WU L L, JIANG H Q. Mechanical metamaterials based on origami and kirigami[J]. Applied physics reviews, 2021, 8(4): 041319.

[36]　CHO Y, SHIN J H, COSTA A, et al. Engineering the shape and structure of materials by fractal cut[J]. Proceedings of the national academy of sciences of the United States of America, 2014, 111(49): 17390-17395.

[37]　CASTLE T, SUSSMAN D M, TANIS M, et al. Additive lattice kirigami[J]. Science advances, 2016, 2(9): 601258.

[38]　MELONI M, CAI J G, ZHANG Q, et al. Engineering origami: a comprehensive review of recent applications, design methods, and tools[J]. Advanced science, 2021, 8(13): 2000636.

[39]　SURJADI J U, GAO L B, DU H F, et al. Mechanical metamaterials and their engineering applications[J]. Advanced engineering materials, 2019, 21(3): 1800864.

[40] JIA Z A, LIU F, JIANG X H, et al. Engineering lattice metamaterials for extreme property, programmability, and multifunctionality[J]. Journal of applied physics, 2020, 127(15): 150901.

[41] OVERVELDE J T B, DE JONG T A, SHEVCHENKO Y, et al. A three-dimensional actuated origami-inspired transformable metamaterial with multiple degrees of freedom[J]. Nature communications, 2016, 7: 10929.

[42] BAUER J, SCHROER A, SCHWAIGER R, et al. Approaching theoretical strength in glassy carbon nanolattices[J]. Nature materials, 2016, 15(4): 438-443.

[43] JIAO P C. Mechanical energy metamaterials in interstellar travel[J]. Progress in materials science, 2023, 137: 101132.

[44] WANG Z L, SONG J H. Piezoelectric nanogenerators based on zinc oxide nanowire arrays[J]. Science, 2006, 312(5771): 242-246.

[45] WANG Z L. Triboelectric nanogenerators as new energy technology for self-powered systems and as active mechanical and chemical sensors[J]. ACS nano, 2013, 7(11): 9533-9557.

[46] QI J X, CHEN Z H, JIANG P, et al. Recent progress in active mechanical metamaterials and construction principles[J]. Advanced science, 2022, 9(1): 2102662.

[47] YASUDA H, BUSKOHL P R, GILLMAN A, et al. Mechanical computing[J]. Nature, 2021, 598: 39-48.

[48] CHEN T, PAULY M, REIS P M. A reprogrammable mechanical metamaterial with stable memory[J]. Nature, 2021, 589(7842): 386-390.

[49] EL HELOU C, GROSSMANN B, TABOR C E, et al. Mechanical integrated circuit materials[J]. Nature, 2022, 608(7924): 699-703.

[50] 马世龙, 乌尼日其其格, 李小平. 大数据与深度学习综述[J]. 智能系统学报, 2016, 11(6): 728-742.

[51] 刘俊一. 人工智能领域的机器学习算法研究综述[J]. 数字通信世界, 2018, 1: 234-235.

[52] DENG B L, ZAREEI A, DING X X, et al. Inverse design of mechanical metamaterials with target nonlinear response via a neural accelerated evolution strategy[J]. Advanced materials, 2022, 34(41): 2206238.

[53] NING L, WANG Y Z, WANG Y S. Active control cloak of the elastic wave metamaterial[J]. International journal of solids and structures, 2020, 202: 126-135.

[54] YANG H B, XIAO Y, ZHAO H G, et al. On wave propagation and attenuation properties of underwater acoustic screens consisting of periodically perforated rubber layers with metal plates[J]. Journal of sound and vibration, 2019, 444: 21-34.

[55] GU Y H, ZHONG H B, BAO B, et al. Experimental investigation of underwater locally multi-resonant metamaterials under high hydrostatic pressure for low frequency sound absorption[J]. Applied acoustics, 2021, 172: 107605.

[56] 周济, 李龙土. 超材料技术及其应用展望[J]. 中国工程科学, 2018, 20(6): 69-74.

[57] 温卓群, 王鹏飞, 张雁, 等. 面向大尺度结构的力学超材料减振技术[J]. 航空学报, 2018, 39(S1): 721651.

第 3 章　人工智能海洋土木工程应用

本章重点介绍代表性人工智能算法、海洋土木工程人工智能技术及其工程应用实例三部分内容。其中，第一部分重点介绍机器学习、人工神经网络和深度学习等代表性人工智能算法；第二部分重点介绍海洋土木工程中的主要人工智能技术；第三部分重点介绍人工智能技术在海洋土木工程不同应用场景中的具体实例。

3.1　机器学习算法

人工智能的相关研究始于 20 世纪 50 年代[1]。然而直到 20 世纪 70 年代初，人工智能主要集中在"推理"研究的初级阶段，即通过赋予机器逻辑推理能力实现机器智能化。例如，1950 年英国数学家艾伦·麦席森·图灵（Allen Mathison Turning）提出了图灵测试构想：一个人在与受测者（人或机器）隔离的情况下，以特殊的方式与受测者进行一系列的交流，如果在设定时间内无法分辨出受测者是否是机器，那么可以称这台机器是具有智能的。1956 年夏季，美国达特茅斯学院的麦卡锡（McCarthy）、明斯基（Minsky）、罗切斯特（Rochester）和香农（Shannon）等首次提出了"人工智能"，标志着这一学科领域的诞生[2]。同年，A. Newell 和 H. A. Simon 开创了传统人工智能中常用的"符号逻辑"理论，并编写了首个 Logic Theorist 的程序，能够模仿人类解决问题技能，并在 1963 年经过改进证明了《数学原理》的全部 52 条定理[3]。

进入 20 世纪 70 年代中期，Feigenbaum 等认为，可以通过赋予机器更多的知识来使机器变得更加智能，由此人工智能发展进入知识期[4]。1981 年，日本耗资 8.5 亿美元开启第五代计算机项目研发，随后英、美等国也纷纷跟上[5]。20 世纪 80 年代，人工智能的研究重点转移至开发专业知识与推理机制相结合来达到专家水平的系统，即专家系统。这类系统通常掌握某个生产领域的相关知识，可以解决纯逻辑推理外的具体生产问题。然而，由于内存容量和处理器速度的限制，专家系统没能有更大的突破。另外，专家系统都是自成体系的封闭系统，各个系统往往对应着特定的应用情境，难以普及。以上种种因素致使人工智能的发展进入瓶颈期。进入 20 世纪 90 年代中期，人工智能开始进入稳定发展期。在此期间，互联网应用技术的高速发展进一步促进了人工智能技术的成熟。例如，1997 年 5 月美国 IBM 公司研发的超级国际象棋电脑"深蓝"在比赛中首次战胜国际象棋世界冠军[6]。进入 21 世纪，2011 年 IBM 公司研发的人工智能程序 Watson（沃森）在一个智力比赛节目中成功击败了人类冠军选手[7]。2012 年加拿大滑铁卢大学 Chris Eliasmith 团队研发了拥有 250 万个模拟神经元的虚拟大脑（Spaun），具有简单的认知能力，能执行高达 8 种不同类型的任务。尽管机械结构并不复杂，但这款模拟大脑具有较好的变通能力，顺利通过了基本智商测试[8]。2016 年 3 月由 DeepMind 科研团队开发的机器学习程序 AlphaGo 战胜了围棋世界冠军李世石[9]。

将大数据技术运用到人工智能中，可以提高人工智能的运算效率，促进人工智能的可持续发展和进一步完善。大数据技术作为人工智能的技术支撑，旨在将海量数据转化成人工智能算法可直接使用的少量数据，实现知识的提取和转化。数据挖掘在大数据的背景下得到广泛的研究和应用，它作为分析和获取重要数据的有效方法，通过处理大量和粗糙的数据，挖掘出数据中隐藏的有意义的信息。典型的数据挖掘算法包括决策树（Decision Tree）法、分类回归树（Classification and Regression Tree）法、K-means、支持向量机（Support Vector Machine，SVM）等[10]。然而将大数据运用到人工智能时，要防止过度依赖数据和依靠人工智能[11]。

机器学习旨在利用计算机模拟人类的学习行为，实现新知识的获取和基于已有知识改善自身性能来提升知识的精确度。它涉及概率论、统计学、高等数学和逼近论等多个领域。典型的机器学习算法包括监督学习（Supervised Learning）、无监督学习（Unsupervised Learning）、强化学习（Reinforcement Learning）三类。其中，监督学习借助带标签的数据学习预测模型，虽然为数据打上标签往往需要投入大量的时间和人力成本，但这种方式一般都能表现出更佳的效率。与此相反，无监督学习不受带标签数据的约束，因而可以处理的数据也就更多，并且存在于数据中的隐式信息也就更容易被挖掘出来，但学习效率往往较低。两者都是通过数学模型来解决最优化问题，前者相当于老师教学，后者相当于学生自学，但并不存在完美的解决方案。而强化学习与前两种学习模式皆不相同，它更像是学生在模拟考试时通过尝试不同的做题策略来进行试错，并根据成绩的好坏来调整上述策略，从而逐渐提升自己的学习效果。与监督学习和无监督学习相比，强化学习更加注重学习者与环境的交互和学习过程中的试错。

3.1.1　监督学习

监督学习是一种有目标导向的学习方法，它通过使用已标记的训练数据来推断特征与目标之间的关系，并将这种关系应用于未标记的数据进行预测。这种方法的核心意图是提高机器学习的普适性，它通过使用逻辑回归（Logistic Regression）、多层感知机（Multilayer Perceptron，MLP）、卷积神经网络（Convolutional Neural Network，CNN）等具体算法，完成包括回归分析、分类问题在内的各种任务。监督学习算法主要包括支持向量机、线性回归（Linear Regression）算法、逻辑回归算法、朴素贝叶斯（Naive Bayes）算法等[12]。

1. 回归分析

回归分析指运用回归算法梳理输入变量特征，进而预测输出变量。然而，对于非线性和复杂的数据集，简单的回归算法可能无法提供准确的预测结果。这时，支持向量机成为一种有效的替代方法。图 3-1 展示了支持向量机算法的原理，它是一种监督学习算法，旨在找到一个最优的决策超平面，以将不同类别的样本分开。它的核心思想是通过将样本映射到高维特征空间，使得样本在特征空间中可以更好地线性分割。支持向量机利用训练数据中的支持向量，即距离超平面最近的样本点，来确定最佳决策超平面。

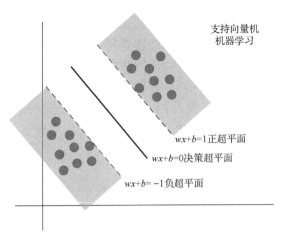

图 3-1 支持向量机算法

线性回归算法根据输入变量的线性组合预测输出变量的值。例如，现有 d 个特征描述示例 $x = (x_1, x_2, \cdots, x_d)$，其中 x_i 是 x 在第 i 个特征上的取值，预测输出变量的形式为

$$f(x) = w_1 x_1 + w_2 x_2 + \cdots + w_d x_d + b = w^T x + b \qquad (3-1)$$

式中，w_i 为模型参数，用于表示每个特征对最终输出变量的影响程度；b 为模型截距。

假设特征和结果之间存在线性关系且不高于一次方，通过对已知的样本数据学习，可以确定最优的参数 w_i 和 b，从而实现对新样本的预测。这种模型以其简单性为特点，更高级的模型则通过增加复杂度或特征映射维度来提高预测能力。在线性回归模型中，目标是找到一条直线使得所有样本与其差距的平方和最小，以对样本进行拟合。通俗来讲，就是找到一条直线使所有样本点与其相距最近。而在多维空间中，模型则变为多元线性回归，即寻找一个最佳超平面来拟合数据，从而使得超平面与数据分布的误差最小。为达到该目的，常用的方法是选择模型参数来最小化预测误差平方和，即最小二乘法（Least Squares Method）。假设仅有一个输入特征：

$$f(x_i) = w_i x_i + b \qquad (3-2)$$

使得

$$f(x_i) \cong y_i \qquad (3-3)$$

2. 分类

机器学习的一个关键应用是分类，其目标是根据已知样本的特征，预测一个样本属于哪一类别。分类算法将训练样本转换为多维空间中的点，并将其分配到相应的类别，从而实现分类任务。逻辑回归是一种二分类模型，它将回归分析的思想引入分类问题中，其输出的不是连续的值，而是经过映射后的概率值，从而被用于判定一个样本的类别。逻辑回归具有容易实现、快速运算、资源需求小和存储需求低的特点，因此在实际问题中有广泛的应用。然而，逻辑回归对自变量多重共线性敏感，因此如果将高度相关的自变量加入模型，则较弱的自变量回归符号可能不符合预期，此时需要通过因子分析或变量聚类分析等方法选择代表性自变量，以减少相关性。

逻辑回归常常应用于二元情况的预测，例如，确定一个样本是否属于特定类别或根据一系列特征预测一个二元结果。它也可以处理更复杂的分类问题，如识别多种不同类别的情况。线性回归并没有对数据的分布进行任何假设，结果输出是一个连续值，其范围无法限定。对于二分类问题，我们需要找到一种函数 $f(x)$ 来预测样本属于正类或反类的概率，例如，$f(x) > 0.5$ 时表示 x 被分到正类，$f(x) < 0.5$ 时表示 x 被分到反类，并且希望 $f(x)$ 的值总是在 $[0,1]$，可以直接表示概率。因此，利用 Sigmoid 函数（S 函数）对连续值进行压缩变换，数学表达式为

$$g(z) = \frac{1}{1 + e^{-z}} \tag{3-4}$$

式中，$g(z)$ 的值域为 $(0,1)$，定义域为 R，并且在 $x = 0$ 处的值为 0.5，整个函数单调递增且非线性变化。设 $h(x)$ 表示预测出样本 x 属于正类的概率，通过加入对数运算，可以得到

$$f(x) = \frac{h(x)}{1 - h(x)} \tag{3-5}$$

$$h(x) = \frac{1}{1 + e^{-f(x)}} \tag{3-6}$$

由式（3-4）～式（3-6）可知，通过 $g(z)$ 直接映射 $f(x)$ 可以得到 $h(x)$。$h(x)$ 拥有 S 函数的一切特性，即为模型的预测函数。图 3-2 展示了两种模型预测函数，其中图 3-2（a）表示线性回归中用加权和作为结果，图 3-2（b）表示逻辑回归中用加权和的非线性输出作为结果。可见，逻辑回归的本质就是一个线性分类模型，它通过一个非线性化映射输出一个概率值进行分类。

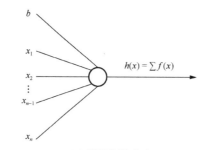

（a）线性模型加权和

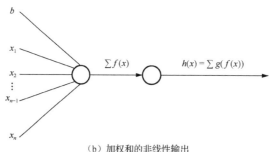

（b）加权和的非线性输出

图 3-2　模型预测函数示意图

设 $P(y=1|x)$ 表示样本 x 为正类的概率，$P(y=0|x)$ 表示样本 x 为反类的概率，需要用分类函数来表示 $P(y|x)$ 是正类还是反类的概率，故得到分类函数：

$$P(y_i|x_i) = P(y_i=1|x_i)^{y_i} \times \left(1 - P(y_i=1|x_i)\right)^{1-y_i} \tag{3-7}$$

式中，$P(y=1|x)$ 即前述预测函数 $h(x)$，分类函数可以整合为

$$P(y_i|x_i) = h(x_i)^{y_i} \times \left(1 - h(x_i)\right)^{1-y_i} \tag{3-8}$$

此外，还需要建立一个损失函数 Loss（代价函数），目标是在训练过程中使其最小化。然而，$g(z)$ 是一个非线性函数，如果我们把预测函数 $h(x)$ 代入最小二乘法函数中，会发现损失函数图像是非凸函数，拥有多个局部极小值。当使用梯度下降法求解最小值时，有非常大的概率不是全局最优解，只能得到局部最小值。而在凸优化问题中，局部最优解同时也是全局最优解，因此，需要找到一个凸函数表示损失，如似然函数。

以 $h_w(x)$ 为待求解的目标值、w_i 为影响目标值的因素，构建似然函数并最大似然估计，可推导出 w 的迭代更新表达式：

$$l(w) = \ln(L(w)) = \sum_{i=1}^{m} y^i \ln h(x^i) + (1-y^i) \ln\left(1 - h(x^i)\right) \tag{3-9}$$

通过求导可求出式（3-9）的极值，然而通过直接解析的方式并不能求解，因此我们需要通过迭代逼近来优化似然函数，其中梯度下降（上升）法是一种常用的优化算法。

在最大似然估计中，我们希望找到使似然函数最大化的参数值，因此使用梯度上升法。梯度上升法的基本思想是根据梯度的方向和大小更新参数，使得每次迭代后的参数值都朝着极值点的方向移动。通过不断迭代更新参数，最终可以接近或达到似然函数的极值点。

3.1.2　无监督学习

无监督学习是一种不需要预先提供标签的学习方法，它可以发现数据的内在结构和规律，通过评估样本之间的相似性来实现分类。这种学习方法更符合人类的学习模式，被誉为人工智能最有价值之处[13]。无监督学习通过使用具体的算法，如自动编码器（Autoencoder）、受限玻尔兹曼机（Restricted Boltzmann Machine）、深度置信网络（Deep Belief Network，DBN）等，完成包括聚类（Clustering）和异常检测（Anomaly Detection）在内的各种任务。

1. 聚类

聚类是将数据集划分为不同类或簇的一种方法，将同一类的数据尽量地聚集在一起，不同类的数据尽量分开，划分的标准包括距离、密度等，视情况而定。例如，图书管理员对馆藏书籍分类，可以根据领域（如海洋技术、港口航道、海洋科学、船舶工程等）、内容（如教学参考、软件使用、习题详解、实验报告等）、形式（如期刊、专著、会议论文集、工具书等）等标准划分，把书籍分别存放在不同的书架上，使得同一书架上的书籍具有相似的特点，而不同书架上的书具有不同的特点。当然，聚类过程中可以考虑多个划分标准，这样做可以获得更全面的见解，帮助更好地理解数据的分布情况。聚类主要包括划

分聚类（Partitional Clustering）、密度聚类（Density Clustering）、层次聚类（Hierarchical Clustering）等。

首先，划分聚类的代表性算法包括 K-means、K-medoids、CLARANS 等。现有一个包含 n 个数据点的数据集合，将其分割为 k 个部分，表示 k 个集群（ $2 < k < \mathrm{sqrt}(n)$ ）。首先需要明确聚类数目和中心的位置，接着计算每个数据点与其他数据点之间的距离。每个数据点对应 $n-1$ 个距离值，将这些值排序以找到最接近的数据点，并计算距离的总和。在此基础上进行迭代，当中心点的位置发生变化时，按照同样的步骤继续计算，直到误差值趋于稳定，目标函数值收敛。最后目标数据集将被重新分配至各个聚类核心，使得最终结果更加优良。K-means 算法通过计算数据对象间的均值（Mean）来判断其相似度并进行聚类，使得距离较近的数据对象更有可能归为同一类或簇，其中 K 表示聚类的数量。K-means 计算标准常采用欧氏距离，该方法可在多维数据中得到拓展，其公式如下：

$$D = \sqrt{\left(x_1 - y_1\right)^2 + \left(x_2 - y_2\right)^2} \tag{3-10}$$

其次，密度聚类包括 DBSCAN（Density-Based Spatial Clustering of Applications with Noise）、OPTICS（Ordering Points to Identify the Clustering Structure）、WaveCluster 和 DENCLUE（DENsity based CLUstEEring）等。密度聚类算法通过评估点的密度高低来判定该点应该加入哪个聚类，使得该方法对不规则形状的聚类更加敏感。因此，密度聚类更为灵活，可以适应各种不同形状的聚类。DBSCAN 算法对密度大于某个阈值的区域进行聚类，而并不依赖距离，因此可以识别各种形状的聚类。其核心思想是将密集区中的所有点归为一个簇，这样可以有效地处理噪声数据。DBSCAN 算法从任意未访问的数据点出发，通过定义一个点的邻域（即距该点 ε 范围内），判断该点是否可以成为簇的一部分。如果该点邻域内的数据点数量超过了设定的阈值，则在该点的基础上建立新的簇，并对该点邻域内的数据点继续进行扩展，将它们也标记为同一聚类中的数据。如果该点邻域内的数据点数量不足，则该点为噪声点。这个过程通过不断扩展 ε 邻域内的点来实现，并不断将新点添加到簇中，重复以上步骤直到确定了簇中的所有点。当所有簇都已经确定后，算法将继续检索和处理新的未访问点，以确定新的簇或噪声。一直重复上述过程，直到所有点都被访问完毕，最终确定哪些点属于簇，哪些点是噪声点。

最后，层次聚类包括 Agglomerative 和 Divisive 等。前面介绍的基于划分和密度的聚类算法中，相似性可能导致误差。如图 3-3 所示，如果 A 与 B 相似且 B 与 C 相似，三者在聚类中可能会被聚合到一起，但实际上 A 与 C 可能不相似，这会导致聚类误差。

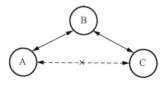

图 3-3　聚类误差示例

层次聚类则会在减少这种链式效应中发挥重要作用。这种方法采用逐层递进的方式将给定数据集分为若干组，直到满足某个特定条件。它可以分为"自底而上"和"自顶而下"两种实现方式。如图 3-4 所示，在"自底而上"的实现方式中，每个初始数据点单独构成一组，在迭代过程中，通过比较每组之间的距离，将邻组合并成新组，直到所有数据点都属于同一组或者达到某种预设。

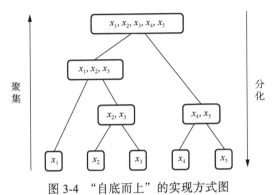

图 3-4　"自底而上"的实现方式图

2. Agglomerative 层次聚类原理

Agglomerative 层次聚类原理如下：初始状态下，每个数据样本单独构成一个聚类，然后计算出样本间的距离矩阵 D，其中元素 D_{ij} 为第 i 个样本和第 j 个样本之间的距离。接下来，对距离矩阵 D 进行遍历，找到其中除对角线数据外的最小距离。将此距离连接的两类合并再更新距离矩阵 D。更新过程中要删除合并的两个聚类对应的行和列，并将新聚类的距离向量插入矩阵中，同时存储本次合并的相关信息。最后重复至仅剩一个聚类。在进行聚类时，选择合适的聚类间的距离度量方法尤为重要。表 3-1 比较了 Single-link 和 Complete-link 两种聚类间的距离度量方法，其中 Single-link 法聚类间的距离由两个聚类间最近的样本点确定，可能会出现非常大的聚类。Complete-link 不会出现这种现象，即聚类间的距离由两个聚类间最远的样本点确定。

表 3-1　两种聚类间的距离度量方法

距离度量准则	距离度量函数
Single-link	$D(C_i, C_J) = \min\limits_{x \subseteq C_i, y \subseteq C_j} d(x, y)$
Complete-link	$D(C_i, C_J) = \max\limits_{x \subseteq C_i, y \subseteq C_j} d(x, y)$

3.1.3　强化学习

强化学习是机器学习技术的关键组成部分，包含环境(Environment)、智能体(Intelligent Agent)、状态（State）、行动（Action）、奖励（Reward）等几个基本概念。智能体能够通过反复实验，根据反馈在环境中学习交互。强化学习的基本原理可以概括为：如果系统采取某个动作得到了环境给的正向反馈，系统下一步施加这个动作的概率就会上升，否则系统下一步施加这个动作的概率就会下降，类似于生理学中的条件反射效应。

图 3-5 展示了智能体通过与环境的交互进行学习的过程。为了使智能体的总累积奖励信号数值最大化，在交互过程的每一步中智能体采取策略，选取执行一个动作，通过对下一步的状态和即时回报的感知，根据经验再更改所采取的策略。强化学习的最终目标是找

到一个合适的动作模型，使主体的总累积奖励信号数值最大化。假如智能体所在的环境被设定为一种状态集 S ，其中智能体所执行的所有可能行为集合为 A ，系统所接受的环境状态输入为 s 。根据处于内部的推理机制，系统对应输出行为动作 a ，环境可以在系统动作 a 下转换到新的状态 s' 。系统接受环境新状态的输入，同时得到环境对于系统的瞬时奖惩反馈，也就是立即回报 r 。每次在某一个状态 s_t 下执行动作 a_t ，智能体都会收到一个立即回报 r_t ，环境变迁到新的状态 s'_t 。如此产生了一系列的状态 s_i 、动作 a_i 、立即回报 r_i 的集合，如图 3-6 所示。强化学习系统的目标是学习一个行为策略 $\pi : S \rightarrow A$ ，使系统选择的动作能够获得环境奖励的累积值最大。换言之，系统要最大化 $r_0 + \gamma r_1 + \gamma^2 r_2 + \cdots (0 \leqslant \gamma < 1)$ ，其中 γ 为折扣因子。

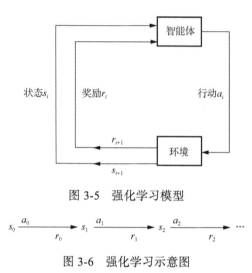

图 3-5　强化学习模型

图 3-6　强化学习示意图

强化学习的正式框架借鉴了马尔可夫决策过程（Markov Decision Process, MDP）中的最优控制问题。强化学习算法可以根据是否基于模型分为无模型算法和模型算法。无模型算法不构建环境的显式模型，或者更严格地说，不构建 MDP。它们更接近于使用动作对环境进行实验并直接从中得出最佳策略的试错算法。无模型算法一般是基于价值或基于策略的算法。基于价值的算法认为最优策略是准确估计每个状态的价值函数的直接结果。使用贝尔曼方程（Bellman Equation）描述的递归关系，智能体与环境以采样状态和奖励的轨迹交互。给定足够多的轨迹，就可以估计 MDP 的价值函数。一旦价值函数已知，发现最优策略只是在过程的每个状态下对价值函数采取贪婪行动的问题。一些流行的基于价值的算法是 SARSA（State Action Reward State Action）和 Q 学习算法。基于策略的无模型算法直接估计最优策略而不对价值函数建模。通过直接使用可学习权重对策略进行参数化，将学习问题转化为显式优化问题。基于策略的强化学习算法主要包括蒙特卡罗策略梯度（Monte-Carlo Policy Gradient）算法、确定策略梯度（Deterministic Policy Gradient）算法等。基于策略的方法存在高方差，表现为训练过程中的不稳定性。基于价值的方法虽然更稳定，但不适合模拟连续的动作空间。

以 Q 学习算法为例介绍无模型强化学习算法。Q 学习算法假设出现有限多个 s 和 a ，因此二者的组合数也是有限的。另外引入价值 q 来表示智能体认为采取 a 时能获得的收益。

在该假设下，选择产生最大的 q 决定了智能体收到 s 应该采取何种 a。Q 就是 $q(s,a)$，指的是在某个 s 状态下进行动作 a 之后可以得到的平均收益。算法的核心思路是构建一个包含 s 和 a 的 Q 表，然后为了获得最大收益，根据 q 值来选取 a，如表 3-2 所示。

表 3-2 简单的 Q 表情况列举

Q	a_1	a_2
s_1	$q(s_1,a_1)$	$q(s_1,a_2)$
s_2	$q(s_2,a_1)$	$q(s_2,a_2)$

Q 学习算法的训练过程是 Q 表中 q 值逐渐调整的过程。表中的 s 和 a 需要提前确定，其中智能体的数据 q 被随机初始化，当智能体在环境中探索的时候，它会用贝尔曼方程来迭代更新 $q(s,a)$，如式（3-11）所示：

$$\text{New}q(s,a) = q(s,a) + \kappa\left[r(s,a) + \xi\max q'(s',a') - q(s,a)\right] \quad (3\text{-}11)$$

式中，$r(s,a)$ 是实时回报；$\max q'(s',a')$ 是遍历下一个状态中的所有 a 得到的收益最大量；κ 代表学习率，表示每次的幅度更新；ξ 用来权衡当前回报和未来收益，ξ 取值越大智能体越倾向于做出令将来的动作收益最大的动作，ξ 取值越小智能体越倾向于做出动作使当前动作回报更大。$\xi\max q'(s',a')$ 表示未来能得到的长期性回报，$r(s,a) + \xi\max q'(s',a')$ 表示在 (s,a) 下的实际 q 值，$q(s,a)$ 是在 (s,a) 下的估计 q 值。当实际值和估计值的差值趋于 0 时，$q(s,a)$ 就不再继续变化，Q 表趋于稳定，直到收敛或者到达设定的迭代结束次数。

基于模型的强化学习与无模型强化学习不同，其中的智能体试图通过建立环境模型来学习并规划最优策略，而非与环境进行交互来直接观察状态转移和奖励。在基于模型的强化学习中，智能体首先通过与环境交互来收集样本数据，包括状态、动作和奖励信息。然后，这些数据用于训练一个环境模型，该模型可以预测在给定状态和动作下的下一个状态和奖励。一旦建立了环境模型，智能体可以使用该模型来进行规划，即在模型上进行推理和模拟，以评估不同策略的预期效果。

基于模型的强化学习方法可以在规划过程中利用模型的性质，如进行迭代优化、搜索或模拟来生成最优策略。通过使用环境模型，智能体可以在模拟的环境中快速评估各种策略，并选择具有最高预期回报的策略。这种方法在样本数据获取困难或代价高昂的情况下可以提供更高效的学习和决策过程。然而，基于模型的强化学习也面临着模型误差的挑战。由于环境模型的不完美性，模型预测可能与真实环境存在偏差，这可能会导致规划过程中的误导或不准确性。因此，在实际应用中需要进一步评估各种方法的优劣再进行选择。

3.2 人工神经网络和深度学习算法

3.2.1 人工神经网络

人工神经网络属于机器学习的范畴，它具有网格结构，旨在处理具有多个节点和输出点的问题。人工神经网络通过线性思维方式处理信息，经过迅速和精准的计算机顺序数值运算，相较于人类，能够更好地处理串行算术类型的问题或任务。典型的人工神经网络算法包括多层感知机（MLP）、BP 神经网络（Back Propagation Neural Network, BPNN）、卷积神经网络（CNN）、递归神经网络（Recursive Neural Network, RNN）等，其中卷积神经网络主要包括 LeNet-5、AlexNet、VGG-16、GoogLeNet、ResNet、全卷积网络（Fully Convolutional Networks, FCN）等模型。图 3-7 展示了一个经典的人工神经网络结构。

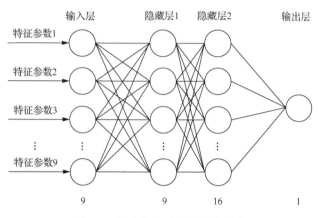

图 3-7　经典的人工神经网络结构

正如大脑识别并对不同类型信息分类一样，可以使人工神经网络对数据执行相同的任务。人工神经网络的不同层也可以被视作由粗到细的过滤器，它可以增加输出和检测正确结果的概率。类似于人脑，大脑在获取到新信息时会尝试把它与已知对象进行比较。人工神经网络能够执行包括聚类、分类或回归在内的许多任务。 使用人工神经网络，可以根据数据中样本之间的相似性对未标记的数据进行分组或排序。一些互相之间相连的节点集合组成了神经元。这些人工神经元的数量远小于人脑中的神经元数量，所以是一种较为稀疏的模拟。神经元只是数值的图形表示，两个人工神经元之间的任何连接都可以被认为是生物大脑中的突触。神经元之间的连接主要通过权重实现，当人工神经网络学习时，神经元之间的权重会发生改变，连接的强度也会对应改变。每个任务和每个数据集的权重集都不同。我们无法提前预测这些权重的值，但神经网络必须学习它们，这个过程也称为训练。一般来说，人工神经网络可以执行与经典机器学习算法相同的任务，但经典算法不能执行与神经网络相同的任务。图 3-8 展示了多层感知机人工神经网络算法。多层感知机是一种基本的前馈人工神经网络模型，由多个神经网络层组成，包括输入层、隐藏层和输出层。每个层都由多个神经元组成，这些神经元通过带有权重的连接进行连接。每个神经元接收来自上一层神经元的输入，并通过激活函数将其加权和传递给下一层神经元。

在多层感知机中，数据从输入层经过前向传播逐层传递，最终到达输出层。每个神经元都将输入乘以相应的权重并进行求和，然后通过激活函数进行非线性变换。这个过程会重复进行，直到数据通过隐藏层到达输出层。输出层的神经元可以表示预测的类别或连续值。多层感知机在机器学习中被广泛应用，特别是在分类和回归问题中。它具有良好的非线性建模能力，可以适应复杂的数据关系。通过调整网络的层数、每层的神经元数量和激活函数等参数，多层感知机可以拟合各种不同类型的数据。然而，多层感知机也存在一些限制。例如，对于具有复杂结构的数据，可能需要更深层的网络才能进行有效的学习。此外，多层感知机在处理具有时间相关性的序列数据时可能面临困难，因为它缺乏显式的记忆能力。尽管如此，多层感知机作为一种经典的神经网络模型仍然是机器学习和深度学习领域的重要基石，它为构建更复杂的神经网络模型奠定了基础。

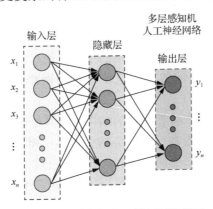

图 3-8　多层感知机人工神经网络算法

3.2.2　卷积神经网络

卷积神经网络是人工神经网络的一个重要方向，通常用于图像识别和语音分析领域。通过识别有价值的特征，卷积神经网络可以识别图像上的不同对象。卷积神经网络主要的优势在于特征学习，不需要手动输入特征，它可以在训练过程中掌握相关特征。首先，卷积神经网络会自动调整预训练的神经网络，通过为其提供数据来调整权重，处理全新的任务。其次，在卷积过程中采用参数共享和降维，可以优化到任何设备上运行，不需要占用过多计算空间，因此卷积神经网络的计算效率比常规神经网络高得多。最后，卷积神经网络有效提高了模型的准确性。卷积是一种允许合并两组信息的数学运算。在卷积神经网络中，卷积应用于输入数据以过滤信息并生成特征图。图 3-9 展示了卷积过滤过程，其中输入数据经过卷积核处理后被提取成高维特征。

输入

0	1	1	0	1
0	1	1	0	1
0	1	1	0	1
0	1	1	0	1
0	1	1	0	1

卷积核

1	0	1
1	1	1
0	0	1

图 3-9　卷积过滤过程

对于现实生活中的任务，卷积通常在三维中执行。大多数图像具有 3 个维度：高度、宽度和深度，其中深度对应于颜色通道（RGB）。所以对应的卷积滤波器也是三维的。卷积层中包含过滤器组，其中的每个过滤器可以生成一个过滤器图。因此，一个层的输出将是一组过滤器映射，彼此堆叠在一起。

卷积神经网络的目标是减少图像，以便在不丢失对准确预测有价值的特征的情况下更容易处理。对于全卷积网络而言，下层和所有上层的神经元都需要有权重连接，因此参数量会急剧增多。对于卷积神经网络而言，上层和下层的神经元主要借助"卷积核"这个媒介相连，不是都需要直接权重相连。所有图像都共享同一个卷积核，在卷积操作后图像还可以保留原来对应的关系。卷积神经网络通常是一种多层结构，包括卷积层、池化层、全连接层等。

（1）卷积层。卷积层处于卷积神经网络的中心，使它们能够自主识别图像中的特征。但是经过卷积过程会产生大量的数据，这使得神经网络难以训练，需要通过池化来压缩数据。

（2）池化层。池化层接收来自卷积层的结果并对其进行压缩。池化层的过滤器通常小于特征图的大小。例如，它需要将一个 2×2 的正方形压缩为一个值。2×2 过滤器会将每个特征图中的像素数量减少到原来的四分之一。如果有一个大小为 10×10 的特征图，经过池化运算后将输出为 5×5。许多不同的函数可以用于池化，最常见的有最大池化、平均池化等。轻微的像素波动也会导致模型错误分类，而池化层提高了卷积神经网络的稳定性。就算卷积层接收到的输入中存在一些波动，池化特征图的映射也能保持在同一个位置。

（3）全连接层。在数次卷积以及池化运算之后，输入信号输出为数组信号；经过全连接层后，多组信号又能按顺序组合为单组信号。扁平化的输出信号又被反馈到前馈神经网络中，在每次训练迭代中都需要应用反向传播。

3.2.3　深度学习

深度学习算法属于机器学习的一个分支，运用神经网络作为参数结构进行优化。深度学习是从机器学习和多层神经网络发展演化的无监督学习算法，能够实现从数据中学习特征而无须人为获取特征。它本质上是多层特征学习（从数据中学习特征）方法的非线性组合。深度学习从原始数据出发，逐层将每层特征转换为更高层、更抽象的特征，以捕捉高维数据中的复杂关系。典型的深度学习算法包括深度玻尔兹曼机（Deep Boltzmann Machine, DBM）、深度置信网络（DBN）、循环神经网络（Recurrent Neural Network, RNN）等[14]。

受人脑结构的启发，深度学习算法主要是通过不停分析一些具有特定逻辑的数据来得出与人脑思考相似的结论。深度学习采用多层算法结构也就是人工神经网络来达到这个目的。换句话说，人工神经网络具有独特的能力，使深度学习模型能够解决机器学习模型永远无法解决的任务。深度学习的典型神经网络架构由几层组成：我们称第一层为输入层，处理输入数据必须经过的许多隐藏层，每层包含多个神经元或"节点"，这些神经元或"节点"具有收集和分类数据的数学函数，最后一层是输出层。深度学习之前的传统神经网络在完成之前只会通过2～3个隐藏层传递数据。深度学习将该数字增加到多达150个隐藏层，以提高结果的准确性。输入层是原始数据，它被粗略分类并发送到适当的隐藏层节点。第一个隐藏层包含根据最广泛的标准进行分类的节点。每个后续隐藏层的节点变得越来越具体，以通过结果加权进一步缩小分类可能性。最终输出层从尚未排除的分类标签中选择最有可能的分类标签。图 3-10 展示了循环神经网络深度学习算法。循环神经网络是一种具有循环连接的神经网络模型。与传统的前馈神经网络（如多层感知机）不同，循环神经网络在网络内部引入了循环结构，使得信息可以在网络中进行持续传递和处理。这种循环结构使得循环神经网络能够对序列数据进行建模，如时间序列数据或自然语言文本。

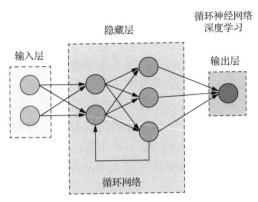

图 3-10　循环神经网络深度学习算法

在循环神经网络中，每个神经元的输出不仅取决于当前输入，还取决于前一个时间步的输出。这种循环连接使得循环神经网络具有一定的记忆能力，可以捕捉到序列数据中的上下文信息。循环神经网络的基本单元是循环神经元。循环神经元接收当前时间步的输入和前一个时间步的输出，并计算当前时间步的输出。这个输出可以在下一个时间步继续被反馈作为输入，实现信息的传递。

循环神经网络在序列数据建模和处理方面具有广泛的应用。例如，在自然语言处理中，它可以用于完成语言模型、机器翻译、情感分析等任务。在时间序列数据中，它可以应用于股票价格预测、天气预测、语音识别等。然而，标准的递归神经网络在处理长期依赖性时可能存在梯度消失或梯度爆炸的问题，导致难以捕捉到较远时间步的信息。

3.3　海洋土木工程人工智能技术

海洋土木工程是一门复杂且具有挑战性的工程学科，主要研究在海洋环境下进行工程建设。它涉及力学、土木工程、海洋地质、海洋环境等多个领域。海洋土木工程学科的主要研究方向包括海底管道、海上平台、海洋港口、海洋能源等。这些研究方向都需要考虑海洋环境的特殊性质，包括海洋潮汐、海浪、海水的腐蚀性等因素。海洋土木工程人工智能技术的研究始于 20 世纪六七十年代，当时开始用计算机模拟海洋环境，对海洋区域的海洋结构物进行分析，实现对海洋工程建设的预测。随着科学技术不断进步，海洋土木工程人工智能技术迅速发展，这为海洋土木工程提供了更多的可能性和更好的效果。人工智能在海洋土木工程中的应用主要包括两方面：一方面是帮助进行海洋环境监测和预测，以提高工程设计和建造的准确性和可靠性；另一方面是帮助提高工程运行和维护的效率，通过监测和诊断工程状态，提前发现和修复问题。此外，人工智能还可以用于优化工程经济性和可持续性，帮助决策者做出明智的选择。

人工智能技术在海洋土木工程领域中的应用一直在不断发展和演进，已成为其中的重要工具，为海洋土木工程的设计和施工提供了更多的可能性和更好的效果。随着技术不断发展，未来人工智能将完成更多复杂的任务，促进海洋土木工程的自动化和智能化，在相关领域中发挥更重要的作用。

3.3.1　海况监测预警

海况监测预警是指利用海况监测数据，预测未来海浪条件可能导致的危险，并采取相应措施来降低或避免这些危险。海况监测预警主要包括海浪预警、海洋灾害预警、沿海水位预警。以海浪预警为例，海浪是风吹过海面时产生的波浪。海浪的周期和波高取决于风速、风向和地形等因素，受这些因素影响，海浪的特征变化很大。海浪周期通常在几秒到数十秒之间，波高也因此可能从几厘米到数十米不等。在极少数情况下，特殊的地形条件可能使海浪波高达 30m 以上。海浪的变化可能会对沿岸城市和海洋结构物造成威胁，并对海洋环境产生不利影响。

海浪预警的任务主要是对海浪的高度、周期、方向等要素进行预测。它可以帮助了解海况的变化，并为海洋工程建设提供重要信息。传统的海浪预测方式主要包括以下几种。

（1）统计预测法：基于历史海浪观测数据进行统计分析，预测未来海浪趋势。

（2）理论预测法：基于海洋动力学理论，利用气象数据预测未来海浪。

（3）混合预测法：结合统计预测法和理论预测法，综合考虑气象和海洋因素，预测未来海浪。

（4）人工预报法：利用专业人员的经验和专业知识，根据当前气象和海洋环境条件人工分析和预测未来海浪。

近年来，随着数学模型和计算机技术的发展，海浪预测方式变得更加精确，主要有数值模拟预测法、机器学习预测法等。其中，数值模拟预测法是基于海洋动力学理论通过模拟作用在海洋表面的风场产生的波浪演变过程来建立一个数值模型。这种方法具有较高的精度和可靠性，能够提供详细的海浪参数信息，并且可以用于未来几个月或几年内的长期海浪预测。然而，这些预测模型需要更多准确的输入数据，预测时间长，复杂性高，预测效果无法令人满意，并且需要高级计算机支持。机器学习算法具有速度快、适应性强的特点，能够根据实时观测数据进行模型更新，使预测结果更加准确，并且其所需计算量也相对较小，不需要高级计算机支持。因此，近年来使用机器学习算法来预测海浪已成为研究人员关注的焦点，并被广泛使用[15]。机器学习预测法利用机器学习算法和海洋观测数据建模，通过对数据的学习来快速预测未来海浪。这种方法既可利用大量的海洋观测数据进行学习和预测，又能在缺少理论基础或数据不充分的情况下进行预测。支持向量机等多种机器学习算法可以实现海浪预警。以支持向量回归（Support Vector Regression，SVR）为例，其是一种基于支持向量机的回归算法，可以使用不同的核函数来解决非线性问题，并且可以根据数据和预测目标来选择合适的核函数。回归支持向量机的优点是既能够在线性情况下，又能够在非线性情况下进行预测，并且能够处理大量数据。在海浪预测中，回归支持向量机可以利用历史海浪数据（如海浪高度、周期、方向等）作为输入变量，通过学习海洋观测数据建立模型，预测未来海浪状态。例如，研究人员运用回归支持向量机算法开发了波高预测模型，通过前六小时内从密歇根湖深水收集的当前风速和每小时历史风速，成功预测湖面波高[16]。图 3-11 展示了回归支持向量机预测波高。

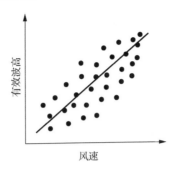

图 3-11　回归支持向量机预测波高示意图

　　然而，回归支持向量机对数据质量有较高的要求，并且在数据量较大时，计算量可能会变得很大。此外，回归支持向量机的精度取决于模型的训练数据和超参数的选择，因此需要经过多次实验和调整来优化模型。

3.3.2　海洋数据降维

　　海洋面积巨大，约覆盖了地球的 71%。相应地，海洋中的数据规模也极其庞大，对于设计、建造、维护和管理海洋结构物都有着重要的意义。海洋数据主要包括物理、化学、生物三类数据。

　　（1）物理数据。海水温度、盐度、溶解氧等物理数据可以帮助确定海洋结构物设计的合理性和可行性，例如，确定海水的导热系数和盐度对材料的影响，保证海洋结构物的安全性。

　　（2）化学数据。海水中的化学成分可以帮助确定海洋结构物的耐腐蚀性，例如，确定海水中酸碱度和金属离子的浓度对结构物所使用材料的影响，保证海洋结构物的寿命。

　　（3）生物数据。海洋生物的数量、种类、分布等生物数据可以帮助评估海洋结构物对海洋生态系统的影响，例如，确定海洋结构物对底栖生物的影响，保证海洋结构物的可持续性。

　　受到气候变化、海洋运动、人类活动等因素的影响，海洋的空间结构通常为各种动态属性的临时组合，具有多个维度变量，呈现出极为复杂的变异性，难以预测。同时，这些维度变量之间往往是耦合的，存在着一定程度的相关性，需要从中快速获取有效信息。然而，随着维数增加，样本数量和计算复杂度会快速增加，模型的预测能力则会不断下降，这种现象称为"维数灾难"，主要由于高维情况下模型变得过于复杂，数据中存在噪声或冗余特征导致的。图 3-12 展示了预测能力及样本数量与维数间的关系。

　　生活中，我们常常可以看到废弃纸箱被拆成纸板进行储存或运输，这是因为将三维纸箱拆成二维纸板后会大大减小这个过程需要的空间。同样地，降维是缓解上述"维数灾难"的有效方法。其中，"维数灾难"中的样本数量可类比为本例中废弃纸箱的占用空间，预测能力可类比为本例中废弃纸箱的便携程度。数据降维主要通过数学变换将原始高维数据映射到低维空间，减少复杂性并提高样本密度，从而提高模型性能。主成分分析（Principal Component Analysis, PCA）是一种常用的数据降维算法，它通过找到数据中最大方差的特征来进行降维。假设一张表格有 10 列数据，每列数据代表不同的特征，如风速、深度、波高等。在这 10 列数据中，有些特征之间可能有很强的关联，而有些特征之间可能几乎没有关联。主成分分析可以帮助找到数据之间最大关联的特征，并将这些特征组成新的数据表，这样就可以将原来 10 列数据降维到更低的维度，更容易理解和分析。

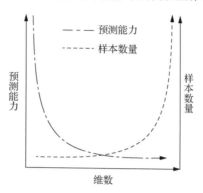

图 3-12　预测能力及样本数量与维数之间的关系

　　以某海洋海域水质监测为例，需要在该海域内采集水样，测量出水质相关的参数，如溶解氧、浊度、pH、氨氮、亚硝酸盐等。这些参数是高维特征，难以直接进行比较。可以通过主成分分析来简化数据处理，将高维数据降至三维以下实现可视化。在降维后的数据中，我们可以看到不同水样在主成分上的分布情况，进而确定水质差异最大的区域，在此基础上制定水质治理策略。

　　在海洋工程中，需要监测海洋的流动状态，数据来源如海洋气象站、海洋预报模型、浮标等，数据包含海流速度、海流方向、温度、盐度等。这些数据也是高维特征，通过降维算法来降低维度，可以更好地了解和分析海流的变化趋势，并做出相应的预测。例如，通过对海流速度和方向的降维，可以更直观地看到海流的漩涡、涌流等现象，确定海洋工程的设计和施工方案。此外，数据降维还可以用于减少计算复杂度，提高计算效率。研究人员在研究海洋空间结构时还常常会将垂直的每个压力水平都视为维度，模型参数与每个压力水平相关联。然而，使用所有这些压力水平来准确描述数据集显然并不现实，为了降低问题的计算复杂性，可以通过主成分分析来转换数据减少维度[17]。

　　数据降维可以简化海洋数据处理和提高算法效率，然而它也存在一些数据隐患，包括以下几种。

　　（1）信息损失：降维过程中可能会损失一些重要信息，导致结果不准确或者错误。

　　（2）相关性降低：降维过程中可能会使得原始数据中的相关性降低，导致分类或者聚类的效果变差。

　　（3）可解释性降低：降维过程中可能会使得原始数据的可解释性降低，导致难以理解和解释结果。

　　（4）假设偏差：降维算法通常需要假设数据是从某个低维分布中生成的，如果数据的分布不符合假设，那么降维算法的结果可能会出现偏差。

　　所以，在使用数据降维算法之前，需要充分考虑相关海洋数据的特点和应用场景，并且在选择算法时要尽量保证信息不丢失。

3.3.3 船舶路径规划

在海洋工程中,路径规划主要用于船舶航线制定,目的是使船舶在最短时间内到达目的地,同时避免破坏海洋环境。与车辆路径规划不同,船舶路径规划主要有以下特点。

(1)环境因素。船舶路径规划需要考虑风浪流等海洋环境因素,这些因素对航行安全和航线效率有着重要的影响,因此在规划海上航线时需要特别注意[18]。车辆路径规划则不需要考虑这些因素,因为陆地上的环境条件相对稳定,不会对路线造成太大的影响。

(2)约束条件。船舶路径规划需要考虑船舶的速度、加速度、转向角、燃料消耗限制等约束条件,这些约束条件对航线的规划和船舶的航行有着重要的影响,因此,在制定航线时需要考虑这些约束条件。而车辆路径规划则通常不需要考虑这些约束条件,因为它主要关注的是道路的通行性和交通规则等因素,这些限制条件并不像船舶那样严格。

(3)问题复杂。船舶路径规划问题往往是高维、非线性和非平稳的问题。在这种情况下,车辆路径规划中常用的基于静态地图的算法(如 Dijkstra 算法和 A*算法)可能会失效,因为它们并不能根据不断变化的海洋环境相应地做出调整。因此,需要一种可以适应高维、非线性和非平稳特点的高度灵活的算法来处理。

如图 3-13 所示,以港口码头船舶路径规划为例:假设一艘船舶需要从港口 A 出发,经过港口 B、港口 C、港口 D、……、港口 N,最后返回港口 A。任意两个港口之间都有航线连接,但航线条件不同。假设船舶仅供燃油 M 单位,问是否存在一条航线,使得船舶能遍历所有港口,且总油耗小于 M?

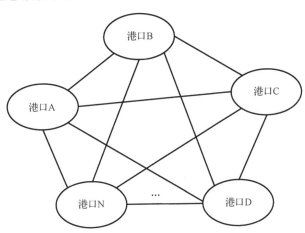

图 3-13 船舶路径规划问题

显然,这类问题很难给出一个精确解。虽然任意一条航线可以很容易算出航行总油耗,但需要知道是否存在总油耗小于 M 的航线。遍历所有路径可能进行比较是一种方式,但随着港口总数增加,这些可能航线的数量将会暴增。这类问题实际上称作 NP-Hard 问题,表示该问题在多项式时间内虽然不能解决,但是可以找到一个近似解。因此,研究人员在规划船舶路径时更倾向于使用人工智能强化学习算法,通过适应不断变化的海洋环境,能够根据实时观测值和预测结果调整船舶路径。考虑到船舶的速度、加速度、转向角等约束条件,强化学习算法能够在遇到新的环境和任务时针对不同约束条件进行适应性学习,并可学习长期目标的最优策略。此外，强化学习算法具有高度灵活性和适应性，可以很好地适用于 NP-Hard 问题中的高维状态和动作空间、非线性和非平稳的特点，可以在长时间内学习并应用经验，寻找近似解。

以强化学习算法中的 Q 学习算法为例，在船舶路径规划中，它可以让船舶通过不断尝试不同航线来学习最优航线。具体来说，Q 学习算法首先会建立一张图，每一个点代表船舶所在的状态，每一条边代表船舶可以采取的动作。船舶会从起点开始，根据当前状态选择动作，不断学习新的状态。在这个过程中，船舶会记录每一个状态和动作之间的奖励值（即 Q 值），奖励值可以根据船舶的速度、加速度、转向角等约束条件和海流、浪高等因素来计算。当船舶经过不同的状态和动作时，它会不断更新 Q 表，并选择具有最高 Q 值的状态和动作来规划航线。通过不断学习和更新，船舶最终可以找到一条最优航线，并且在未来航行中能够更好地适应不同的海洋环境。然而，强化学习算法在船舶路径规划中也存在以下缺点和弊端。

（1）计算复杂度高：强化学习算法需要计算复杂的概率分布，因此计算复杂度高。

（2）收敛慢：强化学习算法需要不断尝试不同的航线，因此可能需要较长时间才能收敛到最优解。

（3）无法预测未来环境：强化学习算法是基于当前环境来学习最优策略的，它无法预测未来环境的变化。

因此，在解决具体问题时还应权衡利弊，结合多种算法来提高精度或预测环境，还可引入专家知识（如船舶航行经验），以更好地改善算法的性能。

3.3.4　水下图像增强

图像是一种视觉信息的表示方式，由像素点构成二维矩阵形式，可以是静态的或动态的，也可以是灰度图像或彩色图像。在图像中往往包含许多信息，这些信息可以分为两类。

（1）物理信息：指图像中所包含的物理量，如颜色、亮度、对比度等，这些信息可以用来描述图像的外貌特征。

（2）逻辑信息：指图像中所包含的语义信息，如目标、场景、事件等，这些信息可以用来描述图像的语义特征。

在海洋工程中，图像的逻辑信息是管理航道、安全导航、海洋监测等任务的关键。例如，从图像中识别和跟踪船舶可以确保航道安全和防止碰撞，定位浮标能够提供航线指引和避险信息，确保船舶在航行过程中的安全，识别海洋生物可以支持水产养殖或生态保护。然而，水下图像不同于陆上图像，其中包含的物理信息会发生严重退化，主要包括颜色偏差、细节模糊、低对比度等[19]。海洋的成像环境十分复杂，主要因为海水对光有吸收作用，使得光线能量在水下传输过程中发生衰减。通常情况下，红色光衰减最快，蓝绿色光衰减最慢，因而会出现图像颜色偏蓝绿色的现象。同时，水中存在大量的浮游生物、泥沙、悬浮物等杂质，这些因素都会影响光的传播，导致光的路径因散射效应发生改变，进而使图像变得细节模糊且对比度低。由于物理信息严重退化，这些水下图像的逻辑信息也就很难成为可用的有效信息，导致水下图像识别难度提升。

深度学习算法是水下图像增强的有力工具，常见的算法有生成对抗网络（Generative

Adversarial Networks, GANs）和变分自编码器（Variational Autoencoder, VAE），可以通过学习图像的模式来生成高质量的图像以替代上述退化图像。以生成对抗网络为例，它是一种生成模型，由两部分组成：生成器（Generator）和判别器（Discriminator）。生成器负责生成新的图像，通过学习水下图像的模式来模拟真实图像，判别器负责评估生成的图像是否真实，通过学习区分真实图像和生成图像来增强对抗性[20]。

在生成对抗网络的对抗过程中，生成器试图生成更加逼真的图像来骗过判别器，而判别器试图更好地区分真实图像和生成图像。例如，用水下拍摄的模糊的海洋生物图像建立高清的图像数据集包括如下步骤。首先，需要将模糊的海洋生物图像输入生成器网络中，生成器网络会使用一系列的卷积层和池化层来提取图像中的特征，并使用这些特征来生成一张高清的海洋生物图像。其次，将生成的图像输入判别器网络中，它会判断其是否是真实的海洋生物图像。若判定为假，则生成器网络就需要调整其参数，使自身能够生成更加逼真的海洋生物图像。最后，生成器和判别器进入循环，直到生成器能够生成真实图像，得到的高清水下海洋生物图像数据集就可以用来进行后续的分析和处理。

总而言之，生成对抗网络的生成器最终能够生成清晰的水下图像，用来替代原来模糊的水下图像。这样就可以在保留水下图像本身特征的同时，去除图像中的模糊和失真，提高图像质量。但是生成对抗网络模型有时候会存在模型偏差、训练难度较大、陷入局部最优解等问题，在实际应用中还需根据具体情况进行选择和调参。

3.4　海洋土木工程人工智能辅助设计

计算机的发展使工程师可以利用数值模拟完成复杂的结构设计。然而，目前海洋土木工程结构设计主要依赖人力结合计算机辅助设计（Computer-Aided Design，CAD），基于规范的常规建筑结构设计存在大量的烦琐、低效、重复劳动。同时，培养成熟的结构工程师往往需要大量时间，导致经验传承效率较低，大量设计资料难以总结为量化规律，无法直接转化为可有效利用的设计方案。因此，研究人员希望研发一种可以高效学习设计知识并智能设计结构方案的技术，减轻工程师的工作量。图 3-14 展示了建筑工程中结构优化的过程。人工智能辅助设计是智能土木领域发展的主流方向之一，更多地集中于结构设计[21]。建筑设计主要关注人们的审美和舒适需求，这些需求主要来源于人们的主观评价无法客观量化。结构设计要求在满足物理规律的同时保证安全和经济，这些指标可用量化方式确定。因此，结构设计比建筑设计更适合智能化。表 3-3 比较了结构设计与建筑设计的不同点。

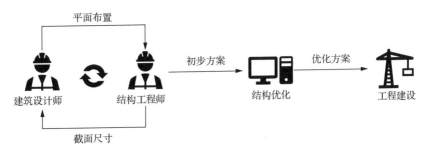

图 3-14　结构优化过程

表 3-3 结构设计与建筑设计的对比

项目	结构设计		建筑设计	
重点	满足物理规律		满足主观需求	
目标	安全	经济	美观	舒适
数学方程	$R \geqslant S$	$\min(C)$	—	—
编程性	可编程		不可编程	
计算性	可计算		不可计算	

注：R-抗力；S-荷载；C-造价。

专家系统是一种早期结构设计中所应用的人工智能技术[22]，它可以从人类专家的角度模拟推断过程并进行决策。在之后的研究中，有学者利用神经网络进行预应力钢筋混凝土平板设计[23]，也有研究人员利用机器学习进行桥梁选型[24]。最近的研究表明，生成对抗网络算法可以在平面上实现剪力墙的自动化设计[25]，证实了这种方法在结构设计中的可行性。生成对抗网络通过对抗学习生成设计方案，具备优异的高维数据特征提取和方案生成能力，与智能设计的经验学习和设计生成需求高度匹配。图 3-15 展示了对抗生成式结构智能设计方法的相关流程。具体来说，生成对抗网络可以从图纸数据、文本设计知识中通过特征提取学习设计经验，实现从无到有的生成式结构设计。这种具备学习设计经验与推理生成新设计能力的对抗生成式结构智能设计方法有效地提升了建筑结构的设计效率。

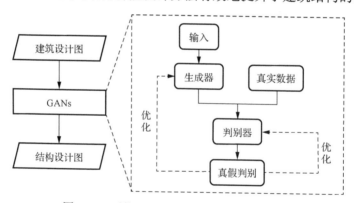

图 3-15 对抗生成式结构智能设计方法框图

3.4.1 智能建造

智能建造是指在工程产品全生命周期中运用各种信息技术和自动化技术来提高工程质量、降低施工成本、缩短工期、优化经济效益、提升安全水平的建设方式，其中包括建筑信息模型（Building Information Model, BIM）技术、物联网技术、机器人技术等[26]。智能建造能够帮助建筑行业更好地管理施工项目，提高建筑质量和效率。

建筑信息模型使用三维计算机模型来表示建筑物的结构、系统和材料，可以包含建筑物的几何形状、材料性质、功能、数据等信息。如图 3-16 所示，建筑信息模型技术可以帮助建筑师、工程师和施工人员等所有参建方在项目开发、设计、施工、运营和维护阶段共享信息。上海中心大厦的工程实践证明：应用建筑信息模型技术，可以消除 40%

的工程变更、排除 90%图纸的错误、减少 60%的返工、缩短 10%的工期，从而有效提高项目效益[27]。

图 3-16　建筑信息模型

　　建筑信息模型的应用场景之一是装配式建筑。装配式建筑与传统的现浇建筑不同，它使用已经预制好的模块或结构构件进行建筑结构组装，即建筑结构的部分或全部构件是在工厂内预制生产，而不是在现场砌筑，这可以极大地缩短施工周期。预制好的构件在现场进行组装可以省去传统建筑方式中的混凝土浇筑和钢筋绑扎等环节，大大缩短施工时间。最重要的是，装配式建筑采用模组式设计方法，与建筑信息模型的设计理念不谋而合，为建筑信息模型在装配式建筑领域的应用提供了基础。

　　在装配式建筑工程中，建筑信息模型不仅可以帮助设计师在前期就考虑到装配式建筑的要点（如预制构件的尺寸、连接方式等），还可以帮助工程师更好地模拟装配过程，提前确定并解决潜在的问题，确保预制构件在现场安装时能够顺利连接。除此以外，与装配式建筑相同的模组式设计理念和方法使得建筑信息模型既能在工程前期通过多样组合标准化装配式预制构件改进建筑方案，又能在生产阶段进行进度、调配、仓储等生产相关管理，以及构件质量信息的迅速检索，从而保证整个建造过程的高效率与高质量。

3.4.2　施工现场智能视觉

　　施工现场智能管理是指在施工现场使用技术来改进施工效率并确保项目质量，常见的有计算机视觉、增强现实等智能视觉技术。在实际施工中，这些技术往往结合建筑信息模型一起使用。随着科技的进步，建筑工地等场景越来越多地使用配备摄像头的设备（如无人机、机器人、智能手机、平板电脑等），这些设备拍摄的图像和视频中包含大量有价值的数据。然而，这些图像和视频通常只能用作文档和记录，结果需要人工检查。为了充分利用数据，需要开发高效的技术来自动提取和分析图像数据，获取有意义的信息。智能视觉的目标是让计算机能够理解数字图像或视频，复制人类视觉系统的功能。

　　以计算机视觉技术为例，典型系统以 2D 图像或视频作为输入，使用像素值将其转换为数学形式，分析这些数据以识别有意义的模式、独特特征、空间分布等，并根据问题的要求提供图像的详细描述。例如，计算机视觉可以通过实现 3D 场景重建帮助施工进度监测[28]。3D 场景重建是从一组 2D 图像创建场景 3D 模型的过程，在 2D 图像包含所有必要信息的条件下，3D 场景重建可以建模复杂物体的 3D 形状。在施工现场，由捕获的 2D 图像（或激光点云）构建的 3D 模型可用于各种应用，例如，比较一段时间内的进度、检查机械结构（管道、电气、暖通空调系统）的质量、实现工地场景的可视化等。研究人员使用 3D 场景重建来监测工作进度，通过从施工现场获得的一组 2D 图像创建建筑工地的 3D 模型，并将该已建的 3D 模型与计划中的建筑信息模型进行比较，以跟踪进度[28]。增强现实技术则多用于将施工现场信息可视化，它将文本、图像、视频和 3D 对象等数字信息集成到现实世界中。早在 2008 年，美国密歇根大学的研究人员就使用增强现实技术让施工现场人员更加方便地访问项目的相关信息[29]。图 3-17 展示了增强现实技术在木结构工程中的应用。

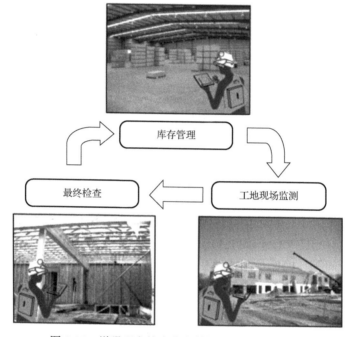

图 3-17　增强现实技术在木结构工程中的应用[29]

现阶段，可视化技术的发展让增强现实技术同步促进了建筑信息模型。自问世以来，建筑信息模型苦于无法为杂乱的建筑工地提供强大的可视化用途，并且不熟悉建筑信息模型的参建方更是无法利用其功能。例如，研究人员调查发现在大约 300 名建筑信息模型从业者中，只有 18%的人将建筑信息模型用于管理人员的日常施工监测工作，但还没有人在施工现场使用其指导工人的实际操作[30]。将增强现实技术与建筑信息模型结合使用，可以提供完整的 3D 交互式设计实体模型，让工人对施工细节有视觉理解。在现场组装构件的过程中，工人可以通过增强现实技术前后查看每个安装步骤[31]。另外，工人可以快速准确地了解每个安装步骤，从而最大限度地减少因选择错误的组件、选择错误的安装顺序或采用错误的安装路径而造成的返工。

3.4.3　数字孪生

计算机辅助设计从二维制图发展到了三维建模，但其效率低且协作性差的弊端仍未能得到有效解决。相比之下，建筑信息模型的优势在于三维可视化、协同设计、信息管理等，因此在施工设计和施工阶段的应用更为常见。但由于缺乏有效融合和实时数据更新能力导致分析准确性和可靠性下降，所以建筑信息模型在运维与监测阶段的应用受到了许多限制[32]。数字孪生（Digital Twins）技术为运维与监测领域提供了有力的帮助。数字孪生是指在工程设计、建造和运营过程中建立虚拟模型，对建筑物进行数字模拟。通过使用实时的数据分析并结合模拟和预测技术，数字孪生能够实时监控建筑结构的状态，更好地了解其性能和行为。不同于传统的计算机辅助设计和建筑信息模型，数字孪生是在现实世界中大量累积实时数据测量的基础上创建了一个数字模型，包括 3D 几何形状以及一系列语义信息（如材料、功能、组件间关系等），其贯穿了建筑结构的全生命周期[33]。

　　在运维方面，数字孪生需要对建筑结构运维活动中的各种重要信息进行集成与融合，主要包括建筑、人员、环境三大类，如图 3-18 所示。通过捕捉这三类信息的分析状态，对异常现象进行及时调整，可实现建筑结构的智能运维。虽然数字孪生使得在虚拟世界中再现运维过程成为可能，但是提高该过程的智能化水平还需解决运维信息实时捕捉、数据模型构建运行、多源异构数据存储管理、智能运维平台搭建等问题，从而最大限度地在虚拟世界中还原真实建筑结构[34]。

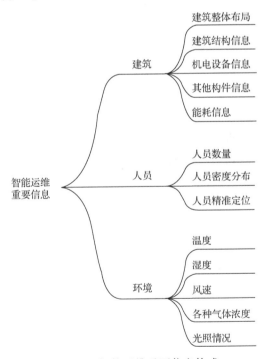

图 3-18　智能运维重要信息构成

　　在监测方面，数字孪生可以通过物联网设备和传感器不断地监测结构状况来识别和评估损伤，将这些数据与数字模型进行对比可以快速准确地识别结构的损伤状态。同时，数字孪生还可以通过历史数据、工程经验等多方面的信息，对损伤的影响、程度等进行评估。与传统的人工监测方法相比，数字孪生的使用能够更快、更精准地识别损伤，提高结构健康监测的效率和评估质量。当环境或结构状态发生改变，数据驱动的分析方法不适用时，研究人员提出通过有限元方法模拟多工况改变，实现基于数字孪生的监测数据分析和有限元模型分析的优势互补[35]。

3.4.4 智能建筑材料

智能建筑材料是一类具有自感知、自诊断、自修复等功能的高科技材料，如智能混凝土、智能玻璃、智能水泥等。智能建筑材料通常由传感器、处理器、通信单元等元件组成，可提高建筑的施工效率、安全和舒适程度，其基本功能包括[36]：

（1）自感知，通过集成传感器，实现对混凝土内部温度、应力、变形等参数的实时监测；

（2）自诊断，通过分析传感器采集到的数据，判断混凝土结构的健康状况，及时发现和定位缺陷；

（3）自修复，通过集成自愈合材料，实现对混凝土内部微小裂缝的修复，提高混凝土的耐久性和寿命。

以海洋混凝土为例，传统的混凝土材料由于内部存在孔隙与微裂缝，通常表现出抗拉强度低、抗裂性差等缺点，在工程应用的过程中会不可避免地产生裂缝。虽然一般情况下海洋混凝土都是带裂缝工作的，但这些裂缝为水分或侵蚀性介质的侵入提供了渠道，影响整体结构的耐久性。智能混凝土通过集成智能材料，具有监测、控制、修复和优化等功能。例如，研究人员将形状记忆合金预埋于混凝土材料中，制备形状记忆合金智能混凝土，通过其电阻敏感性和形状记忆效应实现混凝土智能化[37]。图 3-19 展示了一种 SMA 智能混凝土构造，当混凝土产生裂缝时，预埋入的形状记忆合金筋受拉产生同样大小的形变。由于变形的产生，形状记忆合金筋的电阻值会发生改变，可通过其电阻变化率的大小推断出相应的裂缝大小。因此，可以通过监测形状记忆合金的电阻变化实时监测形状记忆合金智能混凝土的裂缝大小。此外，利用形状记忆效应产生的恢复力，形状记忆合金智能混凝土也可以在一定程度上实现裂缝自修复。

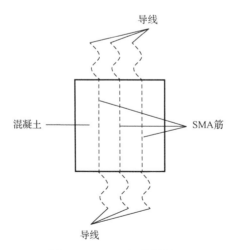

图 3-19　SMA 智能混凝土

3.5　人工智能的海洋土木工程应用实例

海洋土木工程长期经受风、浪、流耦合荷载的作用，海洋工程结构还会受到海水腐蚀、地基土冲刷的作用，因此极易发生各类损伤，严重时甚至会发生重大安全事故[38]。目前我国多数海洋工程服役年限较长、结构老化明显，因此保证各类海洋工程结构服役安全是海洋资源开发利用中的重要环节。结构健康监测是指在不影响结构物正常工作的前提下对其进行实时、无损、全面的损伤评估预警，它通过传感器系统获取结构物的实时动态响应，对采集到的结构响应特征进行统计分析，判定结构物当前的服役健康状况。一旦出现影响结构安全的关键性损伤，结构健康监测系统则迅速对结构物损伤状态做出准确判断。

现阶段，海洋土木工程监测感知面临的主要问题在于海洋环境是随机变化的，海洋工程结构的损伤信息很容易被掩盖，因此，常用的确定性分析方法较难对其损伤进行准确识别[39]。如 3.1.1 节所介绍，机器学习可以从训练数据中获取输入和输出间的复杂对应关系，可以看作非线性函数变换，因此能有效解决分类、回归等不确定性问题。机器学习技术的蓬勃发展为海洋工程结构物健康监测提供了新的思路方法。

机器学习通常需要大量数据训练以获得最佳效果，在实际海洋土木工程应用中往往因缺乏足够数据而采用有限元模型重复运算方式拓展数据集。以机器学习预测船体水下损伤为例，研究人员运用机器学习方法预测加筋板在水下接触爆炸作用下的损伤响应[40]。船体在水下爆炸作用下的破坏模式一般包括塑性变形、断裂和动力屈曲，严重威胁船舶安全。通过 LS-DYNA 程序建立详细的有限元模型，获得了不同厚度加筋板在不同装药质量、对峙距离下的损伤响应数据集。为获得最优机器学习模型，研究人员分别研究了隐藏层数、隐藏层中神经元数、分布对网络性能的影响。由于流固耦合、材料和几何非线性等，预测加筋板的损伤响应需要三隐藏层网络，即使预测只有一个目标参数的损伤域尺寸也需要三隐藏层网络。同时，多隐藏层神经元的数量主要通过结合经验公式以及试错法来确定，并根据输入特征与目标参数之间的定量关系，进一步选择研究较少的隐藏层神经元分布。

3.5.1　机器学习算法选择

机器学习损伤响应预测模型算法选择包括结构选择、隐藏层选择、输出层选择三部分，具体步骤如下。

首先，机器学习模型的结构选择。机器学习模型一般由输入层、隐藏层和输出层组成。输入层的神经元数量由输入特征确定，输出层的神经元数量由目标参数直接确定。然而，隐藏层和每个隐藏层中神经元的选择是构建机器学习模型最困难也是最重要的部分，这取决于具体问题的复杂度，也决定了预测精度。输入特征包括板的长度 L 、板的宽度 W 、板的厚度 t_p 、加强剂的厚度 t_s 、负载质量 m 以及相隔距离 d 。水下爆炸问题中通常关注特定船在不同的 m 和 d 下的动力响应， t_p 和 t_s 随着船舶长度变化而变化，因此选择四个参数作为输入特征。输出层的目标参数包括板的损伤域尺寸 D （有效塑性应变超过临界破坏应变即板被穿孔）和塑性变形区域 U 。由于水下接触爆炸的断裂与塑性变形是耦合的，在预测开始时选择损伤域的边界作为识别损伤域的第三个目标参数。同时，为了提高准确率和降低训练成本，将输入特征归一化。图 3-20 展示了机器学习模型循环应用流程[40]。

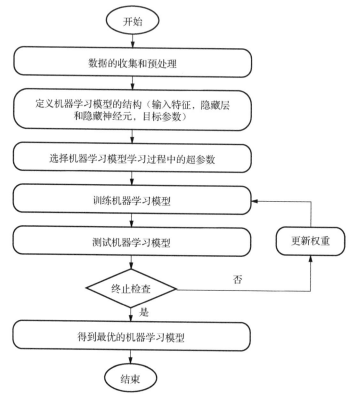

图 3-20　机器学习模型循环框图[40]

其次，机器学习模型的隐藏层选择。隐藏层选择十分重要但也存在一定难度，对于单隐藏层网络需要确定隐藏层神经元的个数，对于多隐藏层网络需要确定隐藏层数及每个隐藏层中对应的神经元数。如果选择的隐藏层和隐藏层神经元数量远远小于匹配问题复杂性所需的数量，就会发生欠拟合，较大则会导致过拟合。由于各个问题的复杂性不同，没有确定这两个值的一般经验公式。使用最广泛的方法是试错法，不断调整，直到获得与问题的复杂性相匹配的完美网络。由于具有 3 个隐藏层的网络可以进行任意精度模拟[41]，因此将最大隐藏层数设置为 3。通常来说，输入特征和目标参数可以用来确定隐藏层神经元的数量。式（3-12）列出了用于确定单个隐藏层神经元的经验公式，其中 i、o 和 N 分别为输入特征数、目标参数数、隐藏层神经元数[42]。将经验公式和试错法耦合在一起，可以有效地得到最优机器学习网络。网络起始于最小数量的隐藏层和隐藏层神经元，两个值逐渐增加直至实现最优网络。

$$N = \begin{cases} 3 \times 2^i \big/ \left[2(i+1) \right] \\ 3i \\ (i+1)^2 \\ \sqrt{i \times o} \end{cases} \qquad (3\text{-}12)$$

机器学习模型的结构和隐藏层确定后，算法选择可以进一步概括为以下步骤：

（1）所有连接权重都由小的随机值初始化，使用前向传播算法预测从第一个隐藏层到输出层的每个神经元的值；

（2）通过平均相对误差（MRE）和相关系数（R^2）等性能指标评价网络性能，根据预测值和准确值来评估机器学习模型的准确性；

（3）如果性能不满足要求，那么采用链式推导法将误差逐层传播，使用梯度下降算法等调整网络中每个神经元的连接权重；

（4）根据更新后的连接权重进行新的迭代，直到满足终止条件（如获得最小误差），然后，采用最后得到的融合修正网络进行预测。

机器学习算法中采用的超参数对网络性能存在很大的影响。同时，为了避免训练周期导致欠拟合和过拟合，在回调函数中采取提前停止，以获得最小的误差。表 3-4 展示了本工作中采用的超参数。

表 3-4　超参数选择

超参数	值
激活函数	ReLU/Sigmoid
优化算法	Adam
损失函数	平均相对误差/二元交叉熵
学习速率	0.001

最后，机器学习模型的输出层选择。在输出层中三个目标参数之间存在较强的相互影响，有些目标参数无法单独预测，例如，损伤边界决定了板未损伤区域的塑性变形区域。因此，采用分两步预测方式：第一步识别损伤区域的边界并预测未损伤区域的塑性变形；第二步预测损伤区域的尺寸。

在机器学习模型开发中，用于训练和测试的数据集通常要求具有较大数据量，然而现实海洋土木工程中损伤破坏等极端情况的数据往往较少，且无法通过实验方式收集到足够的数据。因此，通常采用数值仿真方式拓展数据集。本书不就数值仿真方面内容多做阐述，具体可参阅相关专著，如《基于 ABAQUS 的有限元分析和应用》等[43]。

3.5.2　损伤识别与裂缝检测

海洋工程结构物裂缝检测（包括金属结构和织物结构），与海洋工程结构的使用寿命息息相关，通过早期发现和维护，裂缝通常可以以较低的成本修复。从近年来海洋工程灾害事故统计中可以得到，结构疲劳损伤导致裂缝等破坏是海洋工程结构相关事故发生的重要原因[44]。为了防止海洋工程结构物因裂缝引起的灾难性事故的发生，开展裂缝损伤的长期检测具有重要的现实意义。结构损伤检测方法主要基于图像处理等视觉技术。图像处理技术的特点是大部分表面缺陷（如裂缝、腐蚀、剥落等）都可识别，但需要进行特征提取操作。在裂缝识别的早期研究中，计算机视觉的自动检测主要通过图像处理方法实现，经典的信号处理算法集中在离散傅里叶变换上。然而，传统的图像处理方法在裂缝检测中存在一定的局限性，因为图像的背景、光线或噪声会对传统的检测方法产生很大的影响。随着机器学习方法的不断进步，裂缝检测领域也取得了一些进展。在传统的机器学习中，支持向量机通过寻找裂缝和非裂缝特征之间的最优超平面来执行分类功能。在基于深度学习的裂缝识别算法中，主要研究监督的选择。例如，研究人员通过多层卷积神经网络算法，识别数据集中的裂缝缺陷[45]。

　　以海洋工程水下混凝土结构损伤识别为例,研究人员运用 YOLO-Underwater 算法在水下实现结构健康监测[46]。图 3-21 给出了结构损伤图像及标注样例,识别的损伤类别包括裂缝、腐蚀和钢筋外露。在此基础上建立结构损伤数据集,之后使用 Labelimage 工具手动标注图像。为满足水下混凝土结构损伤检测的特定工业应用,研究人员开发了基于 YOLOv5 算法的 YOLO-Underwater 模型,将陆地图像与水下图像混合,共同进行模型培训,以准确分析这些水下混凝土结构,同时解决相对较低质量和少量的损坏图像。首先对水下图像进行预处理,将其转换为陆地图像的形式,减小因对比度低、颜色偏差和细节模糊带来的识别误差,然后输入目标检测算法中。图 3-22 给出了 YOLO-Underwater 算法的主要改进,其中包括迁移学习、注意力机制、水下改进和预警。前两部分是对 YOLOv5 模型训练模块的改进,后两部分则是针对水下工业应用的调整。最后结果表明,该研究提出的 YOLO-Underwater 算法模型可以很好地检测以上三类损伤。

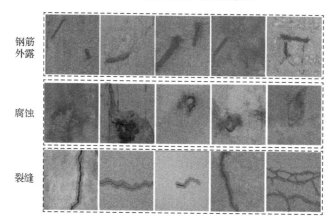

图 3-21　结构损伤图像及标注样例

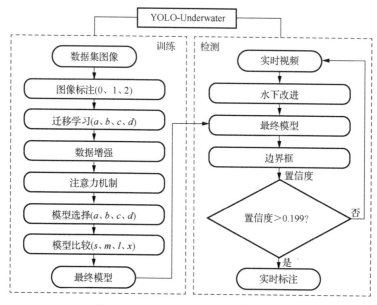

图 3-22　YOLO-Underwater 模型框图

3.5.3　定位与运动轨迹分类

除了损伤识别外，定位算法在海洋工程中也有重要的应用。其中，自动识别系统（Automatic Identification System, AIS）通过交换船舶的运动信息来观察其战术意图，从而降低海上风险。每艘船舶都可以自动交换它们的状态信息，如海上移动识别号码、纬度、经度、航线、航向、速度等，为船舶避免碰撞研究提供了有价值的资料。避免碰撞的研究已经从基于模型的方法发展到了数据驱动方法。随着自动识别系统在船舶上的广泛使用，用于船舶运动分析的数据易于在大样本中获取。然而，大部分自动识别系统数据只反映船舶的正常航行状态，即船舶沿既定航线航行，不改变航向和航速的情况。船舶的操纵状态意味着船舶需要采取变速或改变航向以避免碰撞，这种状态只是整个自动识别系统序列中的一小部分[47]。为了研究船舶避免碰撞问题，首先要将每艘船舶的自动识别系统数据分成静态、正常航行、操纵三部分。因此，将每艘船舶的整个自动识别系统数据序列划分为三个运动部分被认为是一个分类问题。目前，由于移动互联网和物联网（Internet-of-Things, IoT）的快速发展，各种轨迹分类问题主要集中在道路运输上，产生了大量的时空轨迹数据。既有轨迹分类研究主要解决了人工特征选择的问题，常见步骤如下[48]：

（1）将原始 GPS 等数据转换为包含人或车辆运动特征（如速度、路线、加速度等）的轨迹图像；

（2）将基于轨迹的图像输入深度神经网络，由深度神经网络提供最终的分类结果。

由于船舶自动识别系统可以提供类似 GPS 的时空信息，道路运输的轨迹分类方法可用于自动识别系统数据分类。然而，海洋环境与公路间存在明显的差异，使得直接将 GPS 数据用于自动识别系统是不可行的，需要特定的轨迹分类方法。例如，研究人员提出了一种 TraClass 的轨迹分类方法，通过基于区域和基于轨迹的聚类生成了一个特征层次结构[49]。基于区域的聚类在不使用船舶移动模式的情况下捕获较高层次的区域特征，而基于轨迹的聚类则使用船舶移动模式捕获较低层次的特征。通过结合这两种聚类方法可以很容易地识别运动目标，但是该方法没有考虑正常航行环境与静态条件的差异。

3.6　本 章 小 结

本章重点介绍了人工智能在海洋土木工程中的应用，包括代表性人工智能算法、海洋土木工程人工智能技术及其工程应用实例三部分内容。第一部分内容介绍了人工智能中的机器学习、人工神经网络和深度学习等代表性人工智能算法。第二部分内容介绍了海洋土木工程中常见的人工智能技术。其中，海况监测预警利用人工智能算法对海洋环境数据进行分析和预测，海洋数据降维通过人工智能算法将复杂的海洋数据降维处理，船舶路径规划利用人工智能算法确定船舶的最佳航线，提高航行效率和安全性。水下图像增强利用图像处理和机器学习技术提高拍摄图像的质量，使得后续的分析和处理更加方便和有效。此外，人工智能还在海洋土木工程的设计、建造、施工现场管理、运维和监测以及材料应用方面发挥着重要的作用。第三部分内容给出了一些人工智能在海洋土木工程中的应用实例，包括机器学习在海洋工程中的应用以及识别定位在海洋工程中的应用。这些实例展示了人工智能在海洋土木工程领域的广泛应用和潜力。本章内容旨在向读者介绍人工智能在海洋土木工程中的应用领域，并展示了其在提高工程效率、优化设计和保障工程安全方面的重要作用。未来，随着人工智能技术的不断发展和创新，我们可以期待更多创新性的应用和解决方案在海洋土木工程中的应用。

参 考 文 献

[1] BUCHANAN B G. A (very) brief history of artificial intelligence[J]. AI magazine, 2005, 26(4): 53-53.

[2] MCCARTHY J, MINSKY M L, ROCHESTER N, et al. A proposal for the Dartmouth summer research project on artificial intelligence, August 31, 1955[J]. AI magazine, 2006, 27(4): 12-14.

[3] SIMON H A, NEWELL A. Heuristic problem solving: the next advance in operations research[J]. Operations research, 1958, 6(1): 1-10.

[4] FEIGENBAUM M J. Quantitative universality for a class of nonlinear transformations[J]. Journal of statistical physics, 1978, 19(1): 25-52.

[5] TRELEAVEN P C, LIMA I G. Japan's fifth generation computer systems[J]. Computer, 1982, 15(8): 79-88.

[6] CAMPBELL M, HOANE JR A J, HSU F H. Deep blue[J]. Artificial intelligence, 2002, 134(1-2): 57-83.

[7] FERRUCCI D A. Introduction to "this is Watson"[J]. IBM journal of research and development, 2012, 56(3.4): 1:1-1:15.

[8] ELIASMITH C, STEWART T C, CHOO X, et al. A large-scale model of the functioning brain[J]. Science, 2012, 338(6111): 1202-1205.

[9] BYFORD S. Google's AlphaGo AI beats Lee Se-dol again to win Go series 4-1[J]. The Verge, 2016, 15: 2016.

[10] 蔡萌萌, 张巍巍, 王泓霖. 大数据时代的数据挖掘综述[J]. 价值工程, 2019, 38(5): 155-157.

[11] 饶帆. 大数据技术在人工智能中的应用研究[J]. 长江信息通信, 2021,34(9): 97-99.

[12] 刘俊一. 人工智能领域的机器学习算法研究综述[J]. 数字通信世界, 2018(1): 234-235.

[13] 焦李成, 杨淑媛, 刘芳, 等. 神经网络七十年:回顾与展望[J]. 计算机学报, 2016, 39(8): 1697-1716.

[14] 马世龙, 乌尼日其其格, 李小平. 大数据与深度学习综述[J]. 智能系统学报, 2016,11(6): 728-742.

[15] 王燕, 钟建, 张志远. 支持向量回归的机器学习方法在海浪预测中的应用[J]. 海洋预报, 2020, 37(3): 29-34.

[16] MAHJOOBI J, MOSABBEB E A. Prediction of significant wave height using regressive support vector machines[J]. Ocean engineering,2009, 36(5): 339-347.

[17] JONES D C, HOLT H J, MEIJERS A J S, et al. Unsupervised clustering of Southern Ocean Argo float temperature profiles[J]. Journal of geophysical research: oceans, 2019, 124(1): 390-402.

[18] 谢新连, 王余宽, 何傲, 等. 考虑风浪流影响的船舶路径规划及算法[J]. 重庆交通大学学报(自然科学版), 2022, 41(7): 1-8.

[19] 刘皓轩, 林珊玲, 林志贤, 等. 基于 GAN 的轻量级水下图像增强网络[J]. 液晶与显示,2023,38(3): 378-386.

[20] 彭晏飞, 李健, 顾丽睿, 等. 基于改进条件生成对抗网络的水下图像增强方法[J]. 液晶与显示, 2022 ,37(6): 768-776.

[21] 徐阳, 金晓威, 李惠. 土木工程智能科学与技术研究现状及展望[J]. 建筑结构学报, 2022, 43(9): 23-35.

[22] HAMMAD A, ITOH Y, NISHIDO T. Bridge planning using GIS and expert system approach[J]. Journal of computing in civil engineering, 1993, 7(3): 278-295.

[23] RAFIQ M Y, BUGMANN G, EASTERBROOK D J. Neural network design for engineering applications[J]. Computers & structures, 2001, 79(17): 1541-1552.

[24] JOOTOO A, LATTANZI D. Bridge type classification: supervised learning on a modified NBI data set[J]. Journal of computing in civil engineering, 2017, 31(6): 04017063.

[25] LIAO W J, LU X Z, HUANG Y L, et al. Automated structural design of shear wall residential buildings using generative adversarial networks[J]. Automation in construction, 2021, 132: 103931.

[26] 陆长松. 关于智能建造 BIM 技术的应用探索[J]. 住宅与房地产, 2023 (2): 58-64.

[27] 李春云. 数字建造时代正在到来!——专访中国工程院院士、华中科技大学校长丁烈云[J]. 住宅与房地产, 2018 (29): 8-11.

[28] HAN K K, GOLPARVAR-FARD M. Appearance-based material classification for monitoring of operation-level construction progress using 4D BIM and site photologs[J]. Automation in construction, 2015, 53: 44-57.

[29] BEHZADAN A H, AZIZ Z, ANUMBA C J, et al. Ubiquitous location tracking for context-specific information delivery on construction sites[J]. Automation in construction, 2008, 17(6): 737-748.

[30] WANG X Y, LOVE P E. BIM AR: Onsite information sharing and communication via advanced visualization[C]. Proceedings of the 2012 IEEE 16th International Conference on Computer Supported Cooperative Work in Design (CSCWD), Wuhan, 2012: 850-855.

[31] WANG X Y, TRUIJENS M, HOU L, et al. Integrating augmented reality with building information modeling: onsite construction process controlling for liquefied natural gas industry[J]. Automation in construction, 2014, 40: 96-105.

[32] 胡振中, 彭阳, 田佩龙. 基于 BIM 的运维管理研究与应用综述[J]. 图学学报, 2015, 36(5): 802-810.

[33] LU R D, BRILAKIS I. Digital twinning of existing reinforced concrete bridges from labelled point clusters[J]. Automation in construction, 2019, 105: 102837.

[34] 刘占省, 史国梁, 杜修力, 等. 基于数字孪生的智能运维理论体系与实现方法[J]. 土木与环境工程学报(中英文), 2024, 46(1): 46-57.

[35] KANG J S, CHUNG K, HONG E J. Multimedia knowledge-based bridge health monitoring using digital twin[J]. Multimedia tools and applications, 2021, 80(26-27): 34609-34624.

[36] 姚武, 吴科如. 智能混凝土的研究现状及其发展趋势[J]. 新型建筑材料, 2000,27 (10): 22-24.

[37] 张亚楠, 李军超, 王庆菲, 等. SMA 智能混凝土材料裂缝监测与修复机理和试验研究[J]. 固体力学学报, 2020, 41(2): 170-181.

[38] 闫正余, 田华, 康文, 等. 水中建筑结构物基础冲刷防护研究综述[J]. 海洋湖沼通报, 2022, 44(2): 150-156.

[39] 余萍, 曹洁. 深度学习在故障诊断与预测中的应用[J]. 计算机工程与应用, 2020 ,56(3): 1-18.

[40] REN S F, ZHAO P F, WANG S P, et al. Damage prediction of stiffened plates subjected to underwater contact explosion using the machine learning-based method[J]. Ocean engineering, 2022, 266: 112839.

[41] SHEN Z W, YANG H Z, ZHANG S J. Neural network approximation: three hidden layers are enough[J]. Neural networks, 2021, 141: 160-173.

[42] ZHANG Z Z, MA X M, YANG Y X. Bounds on the number of hidden neurons in three-layer binary neural networks[J]. Neural networks, 2003, 16(7): 995-1002.

[43] 庄苗, 由小川, 廖剑晖, 等. 基于 ABAQUS 的有限元分析和应用[M]. 北京:清华大学出版社, 2009.

[44] DONG Y, GARBATOV Y, SOARES C G. Recent developments in fatigue assessment of ships and offshore structures[J]. Journal of marine science and application, 2022, 21(4): 3-25.

[45] WANG T, CHEN Y, QIAO M N, et al. A fast and robust convolutional neural network-based defect detection model in product quality control[J]. The international journal of advanced manufacturing technology, 2018, 94(9): 3465-3471.

[46] JIAO P C, YE X H, ZHANG C J, et al. Vision-based real-time marine and offshore structural health monitoring system using underwater robots[J]. Computer‐aided civil and infrastructure engineering, 2024, 39(2): 281-299.

[47] HEXEBERG S, FLÅTEN A L, ERIKSEN B H. AIS-based vessel trajectory prediction[C]. 2017 20th International Conference on Information Fusion (Fusion)，Xi'an, 2017: 1-8.

[48] BILJECKI F, LEDOUX H, VAN OOSTEROM P. Transportation mode-based segmentation and classification of movement trajectories[J]. International journal of geographical information science, 2013, 27(2): 385-407.

[49] LEE J G, HAN J W, LI X L, et al. TraClass: trajectory classification using hierarchical region-based and trajectory-based clustering[J]. Proceedings of the VLDB endowment, 2008, 1(1): 1081-1094.

第4章 智能监测感知技术

本章重点介绍应用于海洋工程中的智能监测感知技术,包括常见的智能监测感知技术、代表性传感器在海洋土木工程中的应用、无线组网监测系统三部分内容。其中,第一部分重点介绍监测感知技术的出现背景和目前常用的监测感知技术。第二部分重点介绍用于大型海洋工程结构监测的贴片式应变监测感知技术,并重点介绍该技术的核心部件电阻应变片传感器和压电贴片传感器。第三部分重点介绍应用于海洋工程中的多技术耦合组网监测系统。

4.1 监测感知技术的出现与发展

4.1.1 背景与重要性

海洋工程结构物通常是重大的综合性工程,如滨海大坝、大型跨海桥梁结构、超大跨海洋空间结构、海上大型综合性现代水利工程、大型海洋平台结构等[1]。海洋工程结构设计寿命通常近百年,其间海水侵蚀、材料老化与磨损、工程荷载与工程环境等产生的疲劳效应、环境突变效应,以及各类地质灾害都容易引起结构安全事故。因此,为了保障海洋工程结构的安全性、完整性、环境耐久性等,海洋工程基础设施竣工后还需通过监测技术手段,持续监测评价其结构的服役状况、应用状态、潜在损伤和可能带来的灾害。在继续加强工程基础和建设安全质量管理体系的前提下,需要考虑增设结构安全状况自动监测分析评估系统,定期监测评价海洋工程结构的安全质量稳定健康状况,并由此扩展研究该类型海洋工程结构损伤风险与灾害演化发展规律等问题[2]。目前,海洋工程结构健康动态监测机制和风险早期感知诊断等技术,已经逐渐成为世界范围内公认的影响海洋土木工程领域科技发展的研究内容,是海洋土木工程学科交叉融合发展的一个具有重要影响力的前沿领域。

现阶段,我国全面处于海洋土木工程建设和大型基础设施投资建设时期。以全长55km的港珠澳大桥为例,它是桥梁跨度最大、施工难度最大、结构寿命最长、拥有科学专利最多、建造技术全世界顶尖的跨海大桥,于2019年获得中国建设工程鲁班奖[3]。如图4-1所示,港珠澳大桥是连接内地与香港、澳门特别行政区的跨海大桥,全长约55km,是目前全球最长的跨海大桥。为有效提高重大海洋工程结构项目建设和运营建设,需要对海洋工程结构进行准确实时的监测感知,根据监测结果分析研判各结构部位的损伤或潜在风险,及时分析评估以确认总体安全性,准确预测技术性能参数的可能变化,预测剩余服役寿命并提前做出最佳维护决策。结构健康监测系统可以有效采集海洋工程结构的各类安全状况数据，准确快速获取各类结构安全损伤的准确发生位置、时间范围、危险程度等信息，预测各种海洋土木工程结构损伤的潜在危险，是有效保障海洋工程结构安全的重要测试方法。

图 4-1　港珠澳大桥[3]

4.1.2　基本技术与方法

监测感知技术是指通过整合利用结构监测感知与无损检测传感等技术，通过综合分析各种重要结构系统特征参数，评估预测结构系统损伤或因系统特性退化造成的结构某些主要功能变化。监测感知技术主要包括两方面技术。

（1）损伤识别技术：通过对海洋工程结构损伤识别，发现突发性损伤或长期累积性破坏。其中，突发性损伤通常是由于地震、洪水、风暴、爆炸等极端天气或事件导致的损伤，长期累积性损伤通常是海洋工程结构在长期使用过程中缓慢累积，逐渐形成的永久性损伤。常见的结构损伤检测识别方法，主要包括判断结构构件是否存在结构损伤、定位损伤区域、对损伤类型分类、根据损伤程度分级等步骤。

（2）安全性评估：结构安全性的评估方法是在监测和损伤识别的数据基础上，通过技术手段评估海洋工程结构的安全状态，与临界状态进行参数综合对比，确定当前安全可靠性等级。对于不同类型的海洋工程结构，可根据具体性能特征区别制定安全可靠性等级标准[4]。

如图 4-2 所示，海洋工程结构健康监测系统是一种用于监测海洋工程结构物（如海上风电场、海底管线、海洋平台、船舶等）结构安全性能的技术手段。该系统通过传感器、数据采集仪器、通信网络设备等，对海洋结构物的结构参数、振动、应力、温度、湿度等多项指标进行实时监测，并将所得到的数据进行处理、分析和建模，为结构的安全性能提供定量化的评估和预警。

海洋工程结构健康监测系统可以实时监测海洋结构物的状态，及时发现结构变形、破坏等异常情况，提高结构的安全性能，减少事故的发生。同时，也可以为结构的维护、保养提供数据支持，延长其使用寿命，降低维护成本。该系统广泛应用于海上风电场、海洋平台、海底管线、船舶等海洋工程领域。

海洋工程结构健康监测系统的研究和应用，对于提高海洋工程的安全性能和可靠性、保障人民生命财产安全、促进海洋经济的可持续发展具有重要作用。随着科技的不断进步，海洋工程结构健康监测系统也在不断发展创新，例如，应用无线传感器网络、云计算、人工智能等技术，实现更加智能化、高效化的监测和管理。

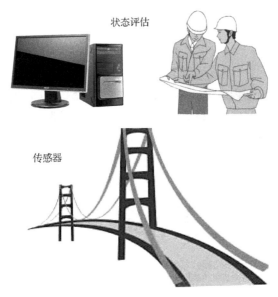

图 4-2　结构健康监测系统

4.1.3　发展进程与前景

随着海洋土木工程安全事故频发，目前大型海洋工程结构均采用结构健康监测感知系统，实时监测海洋工程结构安全性能，对突发严重损伤发出事故警报，并定期根据监测结果更新制定维修养护策略[5]。以大型桥梁工程为例，世界范围内各国均安装结构健康监测感知系统，提高桥梁的安全性能和使用寿命，并改善桥梁的维护管理。美国从 20 世纪 80 年代起在各类海洋工程结构上安装不同的监测感知系统，包括在佛罗里达州的 Sunshine Skyway 桥上架设 500 多个监测传感器，Alamos 峡谷桥上使用系统损伤识别方法，佛蒙特州 Winooski 水电厂中架设光纤震动、水压等感应器[6]。英国从 20 世纪 80 年代后期开始研究大型桥梁上的监测仪器设备，以确保大桥的安全性能和可靠性。例如，Foyle 桥上安置了 552m 长的传感器，成为最早设置的完整健康监控信息系统，它为全球提供了一种有效的结构健康管理模式[7]。挪威 Skarnsundetbru 斜拉桥上安装的全自动数据采集系统可以实时监控车辆、风载等影响下的桥梁主梁震动、挠度、应力等响应，同时可以测量风速、车速、偏斜度、应力等参数[8]。丹麦曾对总长 1726m 的 Faroe 跨海斜拉桥梁开展建设及通车监控，以检验重要的工程设计技术参数确保桥梁的安全运营[9]。日本在明石海峡大桥和南备赞濑户大桥上安装了 58 个光纤变形传感器、2 个倾角仪、8 个温度传感器，监测在建设和服役过程中的结构动力响应与结构变形。

如图 4-3 所示，新科莫大桥拥有美国最庞大、最复杂的结构健康监测系统。全桥共安装有 300 个传感器，用于监测缆索温度、应力变化、裂缝和伸缩缝移动，以及混凝土内部和桥面的正常腐蚀。因此，运营单位可以更好地了解并追踪桥梁的老化过程，以及在荷载和季节性温度发生变化时做出合适的决策。

 角度偏转监测
用于桥梁塔架的摇摆和对准

 应力/变形监测
用于监测潜在的长期扭曲

 缆绳力监测
用于监测各缆绳力上的张力

 缆绳温度监测
用于跟踪气候影响

 桥梁腐蚀监测
根据材料的质量和成分确定监测点

 风力条件监测
监测风速度和方向

 GPS接收机
提供精确位置

 照明系统监测
监测每个LED灯的状态

 气象站
用于监测气压、湿度和气候

 导航灯
引导海上和空中交通

 结构振动监测
用于监测交通流量对道路的影响

 交通监控
用于监控交通量和速度

图 4-3　新科莫大桥高科技系统[6]

从 20 世纪 90 年代起，我国土木工程学也在不断探索实践海洋土木工程监测技术。例如，香港青马大桥为了确保桥梁结构系统在进入施工领域前和投入使用期间的安全性，在原有桥梁基础设施上安装超过 800 个各种类型传感器，每隔 30 天采集一次数据，并自动对数据进行综合分析计算和处理，实现实时动态监测[10]。香港汲水门大桥主要由两座斜塔和悬挂在其上的桥面构成。桥梁主体采用钢结构，采用预应力钢缆斜拉技术支撑桥面。梁上安装了 270 多个传感器，以满足不同工况荷载的需求，并配备了多种监测数据实时自动采集处理系统，以及分析管理专用辅助设备，可以持续跟踪和分析该型桥梁支架当前的正常运行状态、负荷状况、健康状况等，以实现桥梁服役实时监测分析处理，确保桥梁安全可靠地运行[11]。广东虎门大桥上也布设了大量应变片传感器设备和车载全球定位系统（GPS），对虎门大桥的应力情况变化和桥梁整体振动变化状态信息进行动态全方位的监测预警[12]。此外，在杭州湾跨海大桥、宁波杭州湾高速卢浦大桥段上等也都相继安装使用了光纤等不同传感器监测系统[13]。

　　然而，海洋土木工程结构健康监测技术仍存在一定挑战，尚未形成一个普遍接受的结构健康监测标准，用于监测数据分析评价的海洋工程结构分析理论仍不完善。由于海洋工程结构的应用领域、种类等多样性，对应的健康监测风险评估预警系统也各不相同，目前缺乏客观可靠的理论基础建立统一的监测标准和模型。我国海洋土木工程跨度规模大、分布使用地域广、服役及寿命周期较长，对常见的传感器等结构健康监测系统的稳定可靠性、工程耐久性方面提出了一定的技术挑战[14]。监测感知技术作为一门新兴交叉前沿技术，与结构安全、数据传输、诊断预警、可视化反馈等技术融合势在必行。在大型海洋土木工程加快建设的背景下，监测感知技术需要在以下几方面重点发展。

　　（1）多参数监测技术：海洋环境复杂，海洋工程受到多种因素的影响，如海浪、风浪、水平动荷载、海底地震等。需要开发适合不同海洋条件下的多参数监测技术，实时监测结构物的各种参数，如振动、应力、变形、温度、湿度等，并将数据实时传输和处理，以提高监测的准确性和及时性。

　　（2）远程监控技术：大型海洋工程一般分布在离岸远、交通不便的地方，传统的监测方法需要人工巡检和维护，成本高、效率低。发展适合海洋环境的远程监控技术，实现对结构物的远程监测和数据传输，提高监测效率和降低成本。

　　（3）无线传感器网络技术：无线传感器网络技术可以实现分布式传感器的互联互通和数据传输，可用于实时监测海洋工程的结构状态和环境参数。这种技术可以降低传感器的成本、提高监测范围和精度，同时也可以减少对海洋环境的影响。

　　（4）数据挖掘和人工智能技术：大量的监测数据需要进行处理和分析，以提取有用的信息和知识，达到结构健康监测和维护的目的。发展数据挖掘和人工智能技术，以处理和分析监测数据，并开发预测模型，对结构的健康状况进行预测和评估，实现智能化监测和管理。

　　（5）新型传感器和检测技术：随着科技的进步，新型传感器和检测技术不断涌现，如光纤传感、微波雷达检测、声波检测等技术，可以实现对海洋结构物的非接触式、无损检测，提高检测的精度和灵敏度。

　　（6）能源自供和低能耗技术：海洋工程要求长期稳定地运行，需要考虑能源自供和低能耗技术的应用，以保证工程的可持续发展。例如，可以采用太阳能、风能等新能源技术，在保证结构安全的前提下，降低能源的消耗和成本[9]。

4.2　常见的智能监测感知技术

4.2.1　监测感知技术系统组成及功能分析

　　监测感知技术是针对结构健康的实时监测与预警技术。"感知"和"数据"是当今监测感知技术的两个重要分支，其中，感知部分主要包括各种传感器及对应的感知原理，数据部分主要包括数据采集传输、数据处理、损伤反馈、智能决策等。智能监测感知系统可分为以下子系统。

（1）传感器子系统，主要包括各类传感器硬件设备，能够监测海洋工程结构在不同荷载和外部环境下的结构响应信息，并将这些信息以电、光、声、热等物理量的形式输出。

（2）数据采集与处理及传输子系统，主要由多功能模块和硬件设备组成，包含信息传输电缆/光缆、数模转换卡等，图形信息则储存在计算机中，通过 Visual Basic、C++等软件系统进行信息采集和处理，进而进行技术处理再传送至下一个模块数据管理子系统。

（3）数据管理子系统，本质是拥有建造信息、监测安全信息、预警安全信息等的监测数据库，因此数据管理子系统发挥着健康监测感知系统的数据管理功能，是整个监测系统的核心部分。

（4）损伤识别模型修正与安全评定子系统，本质是高效的安全防护技术，由损伤辨识软件系统、建模校正软件系统、结构安全评定软件系统、预警设备系统等组成，可以有效地分析结构损伤并及时发出警告信息，以确保海洋工程结构整体服役安全。

图 4-4 展示了结构健康监测系统中各个子系统之间的相互关系和运作流程。首先运行损伤识别软件，确定海洋工程结构是否受到损伤，或从数据管理子系统中自动读取结构响应信息，如果无异常则运行模型修正软件和安全评定软件，进一步确认海洋工程结构的整体安全性。如果出现结构响应异常，预警设备将立即发出警报信息，经过损伤识别、模型修正、安全评定等步骤，实时发出海洋工程结构灾害预警预报，并将异常结果记录在数据管理子系统中以便查阅和分析。

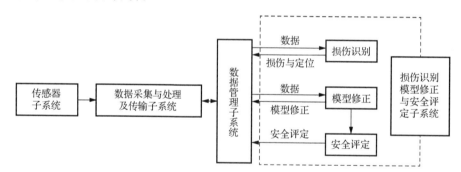

图 4-4 结构健康监测系统中各个子系统之间的相互关系和运作流程

4.2.2 子系统常见技术简介

1. 传感器子系统

传感器子系统负责海洋工程结构监测感知，根据目标、范围等不同分为局部监测感知和整体监测感知。局部监测是针对海洋工程结构重要构件或部位，应用传感器设备对指定区域进行监测；整体监测是采用工程整体动态监测分析技术监测结构发生的宏观动态变形、位移现象、结构振动等。传感器技术在当今应用科技中占据着重要位置，是一种多学科多技术交叉融合的综合性技术。目前，传感器子系统通常由不同监测感知传感器组成，包括基于光导玻璃纤维、压电材料、电阻应变丝、形状记忆等材料的传感器[15]。这些传感器通过表面附着或埋入阵列等方法，赋予海洋工程结构重要部件感知特性，实现对结构内部环境的实时监测和灾害预警。

光纤传感器具有质量小、范围大、性能稳定、可持续、测量快等优点，受到广泛关注[16]。

根据光纤传感器的机理特性可以进一步分为光强度型、相位调制型、波段调节型、光偏振调节型等，它们各自具有不同的特性，可以满足不同的应用需求。光纤传感技术的主要缺点是系统需要配备较为昂贵精密的光纤传感等辅助探测设备，且布控维护较困难、成本较高。另外，光纤传感技术现在还主要用于直线分布式测量，在工程应用中较难实现柱面式分布测量或圆锥体式分布式测量。

压电贴片传感器具有频响动态范围宽、反馈振动响应速度快、紧实度系数大、线性表现良好且稳定等多种优势[17]。由于压电贴片传感器几何尺寸的设计制作方便及灵活，它能够直接黏附或应用于海洋工程结构构件表面上，也能够直接植入构件体内，从而使得压电贴片传感器在各种海洋工程应用场景中都能发挥出较大监测效用。

电阻应变片传感器是一种基于电阻应变效应的传感器，用于测量物体的应变。应变片的电阻会随着物体受到应变而发生变化，具有灵敏度高、响应速度快、测量范围大等优点[18]。电阻应变片通常由金属或半导体材料制成，具有高精度、高稳定性、高灵敏度等特点。电阻应变片传感器在海洋工程结构中可用于测量结构物的应变，以了解结构物的受力情况。例如，在海洋平台和海底管道等结构中，可以监测结构物的应力和变形，以判断结构物是否存在损伤或疲劳裂纹等问题。同时，电阻应变片传感器可以与其他传感器组合使用，如加速度传感器、位移传感器等，以实现对结构物的全面监测和评估。通过实时监测和分析数据，可以及时发现结构物的异常情况，提高结构物的安全性能和可靠性，保障海洋工程的正常运行。

形状记忆传感器是一种基于形状记忆材料的传感器，可以通过改变电阻、电容、电感等物理量来感知物体的形状变化，具有响应速度快、精度高、可重复使用等特点[19]。形状记忆材料是一类有特定形状记忆识别功能的综合功能材料，具有自主环境感知、自适应变形恢复等能力。形状记忆传感器可被应用于海洋平台、海底管道和海上风力发电等海洋工程结构中，以实时监测结构物的变形和应力，及时发现异常变形和疲劳裂纹等问题，提高结构物的安全性。

随着科技的飞速发展，目前用于全过程监控的监测技术已取得长足进步，如全球定位系统、激光准直仪、全站仪等技术，都可以实现海洋工程结构实时动态高精度监测。在工程实践中，通常将多种类型的传感器有机结合，获得最准确的结构监测信息，以最低成本投入实现最大监测效果。

2. 数据采集与处理及传输子系统

数据采集与处理及传输子系统是结构监测硬件设备系统和监测分析软件系统间的信息传输路径，发挥着至关重要的作用。结构损伤识别的本质就是在结构物上提取各种结构相关参数，评估分析这些信息数据实现无损监测。信号自动采集传感器技术一般包括传感器信号图像的定时采集记录和信号放大，以及采集数据图像的自动化获取、存储分析等[20]。除了考虑传感器类型、安装位置、数量等因素之外，还应考虑采集传感器数据时的工作时间间隔、数据质量自动标准化、测量采样过程存在的主观不确定性因素、采集数据信息的自动净化技术等实际问题。

传感器设备在不同工况下的输入输出信息多种多样，有些信息较弱，有些混杂杂质，导致某些信息与海洋工程结构的工作性能特征信息和损伤敏感性状态信号特征无关。为此，需要使用滤波器对采集的信息进行滤波或放大，去除噪声源信号。近年来，为了更准确地分析监测信号波形特征，已经出现了多种技术，包括数字滤波、卡尔曼分析、中小波变换、分形滤波和几何特征分割、模糊信号处理等[21]。这些技术可以有效地检测出噪声部分和对结构损伤特别敏感的特征因子，提高信号分析滤波的效率和准确性。以小波变换为例，其能够在时频两域表征信号的部分特点，因此通过小波分析能够设计动态视窗，快速无限次地伸缩、放大和平移，用户能够快速观察到信号频谱上存在的重要特点细节进行时频域下的分析处理，从而同时获得信息的整体性特点和部分特点。小波变换法能够有效地捕捉非噪声平稳信号中的振动和波形特征，同时保留信息中的几乎所有瞬时特点。

数据传输通信系统主要包括计算机硬件和专用通信设备软件两部分。其中，硬件组成主要包括计算机主控制器、数据存储器、计算机 A/D 模数转换运算部分及其组成部件、专用计算机数据监视采集及通信设备系统部分等。软件组成主要包括模拟系统信号的自动采集处理、数字信号脉冲的自动采集系统、脉冲信号处理、开关信号采集及处理、环境参数配置与参数设置、系统设备管理（主控）处理以及串行总线通信管理等。硬件和软件设备的配合使用，可以更好地管理控制数据传输系统，提高系统的传输效率和可靠性。

3. 数据管理子系统

数据管理子系统是海洋工程结构监测感知系统的核心组成部分，主要对传感器采集的数据、经数字信号处理的数据及后续分析数据进行存储管理，通常由三个独立的部分组成，包括中心数据库、数据管理软件、硬件设备。其中，中心数据库是数据管理子系统的核心组件，负责存储大量的监测数据。这些数据可以包括传感器采集的原始数据、经过数字信号处理的数据以及后续分析的结果数据。数据管理软件是数据管理子系统的重要组件，可以帮助用户查询、调用和分析监测数据。这些软件提供了丰富的查询和分析功能，可以帮助用户快速找到所需的信息。硬件设备是数据管理子系统的基础组件，提供了必要的计算能力和存储空间。包括服务器、存储设备和网络设备等硬件设备，共同构成了一个强大的硬件平台，能够支撑数据管理子系统的运行。

4. 损伤识别模型修正与安全评定子系统

海洋工程结构的损伤识别模型修正与安全评定需要多功能模块耦合工作，包括损伤等级判断、结构安全性评价、灾害预警三部分。损伤等级判断一般分为海洋工程结构正常服役时的静态安全性能判断和结构极限承载力状态情况下的安全性能判断。通过结构应力分析，可以确定大型海洋工程结构的安全性指标。具体包括：首先确定结构系统中各材料的应力失效模式；其次根据性能需求利用计算机模型绘制各材料的失效应力极限状态曲线；最后确定相应的极限荷载量系数。

海洋工程结构安全性可以通过层次分析法（Analytic Hierarchy Process, AHP）、专家打分、结构计算分析等方法评价[22]。以层次分析法为例，这是一种定量评估方法，利用将多个因素按重要性划分为不同的层级，并确定每个层级的初始权重来定量化定性因素。层次分析法包括四个步骤：首先，将海洋工程结构的主要监测对象和指标分组，建立指标分层框架；其次，根据监测数据应用两两比较的方法，并根据确定的标准构成两两比较判断矩阵；再次，实行分层单次排序，进行一致性测试；最后，对每个方案实行总体排名和一致性测试，确定与总体目标和整个分层框架的一致性指数。层次分析法的重点在于减少主观因素的影响，使评估更加科学，其中确定各指标的权值尤为重要。目前，评价权重的计算主要依赖于海洋土木工程行业技术专家构建成对比较判断矩阵，但如果行业专家没有做出公正、准确、合理的专业判断，无法保证其设计构造中的专业判断矩阵的科学性和合理性。因此，为了保证海洋工程结构安全评价的准确可信度，需要确保指标权重的准确度和可信度。

海洋工程结构灾害预警反馈可通过可视化用户界面呈现。在海洋工程结构灾害预警反馈中，可视化用户界面可以帮助用户快速了解预警信息，并采取相应的措施。例如，当系统监测到海洋工程结构可能发生灾害时，它会向用户发出预警信息，包括预警等级、预警内容、预警时间和建议的应对措施等。用户可以通过查看这些信息来了解海洋工程结构的当前状态，并采取相应的措施来防范海洋工程结构灾害。

4.3 应变、位移与加速度监测感知技术

4.3.1 电阻应变片传感器

应变是衡量构件局部或结构整体服役状态的关键参数，在局部或整体监测中都具有重要意义。电子元件的小型化、低功耗化为集成小型应变传感器系统提供了必要条件。例如，基于电阻应变片的无线应变传感器系统，结合了传统系统的集成电路小型化优势，采用模块化设计方法实现了微型电子元件系统。

电阻应变片由应变敏感隔离栅、基底、覆盖层板片、应变敏感引出线等构件组成，如图 4-5 所示。其中，应变敏感隔离栅负责将应变转换为电阻的变化，通常由直径为 0.015～0.05mm 的金属丝绕成栅状，或用金属箔腐蚀成栅状。基底用于保持敏感栅固定的形状、尺寸和位置，通常用黏结剂将敏感栅固结在纸质或胶质的基底上。覆盖层板片是覆盖在敏感栅上的保护层，具有防潮、防蚀、防损等功能。在基底部层和绝缘覆盖层之间，还有应变敏感引出线，具有应变敏感隔离栅与测量电路之间的过渡连接和引导作用。通常取直径为 0.1～0.15mm 的低阻镀锡铜线，并用钎焊与应变敏感隔离栅端连接。

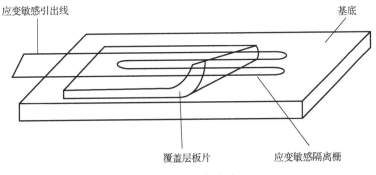

图 4-5 电阻应变片

电阻应变片传感器是海洋工程结构局部应变响应监测中应用最广泛的传感器之一，具有材料制作技术容易、价格成本低廉、耐高温、抗冲击能力强和耐弯曲强度极高等多种优

点。粘贴在海洋工程结构表面或者深埋入结构孔隙中，监测性能均较稳定良好，可以单独组成有各种截面形状厚度或面积分布的传感器阵列，防各种电磁信号干扰，耐久性较好。同时，电阻应变片面积尺寸较小，不会影响埋置结构的整体性。当外力（结构变形）施加于电阻应变片时，它的电阻会发生变化。电阻应变片在未受外力的作用下，其电阻值为

$$R = \rho \frac{l}{S} \tag{4-1}$$

式中，l 为金属丝总长度；$S = \pi r^2$ 为截面积；ρ 为电阻率。

当受到拉力作用时，将会导致截面积减少为 $\Delta S = 2\pi r \times \Delta r$，并通过晶格畸变改变能带结构，使阻值率变化为 $\Delta \rho$。这种变化可以用微分形式表示为

$$dR = \frac{\rho}{S} \times dl - \frac{\rho \times l}{S} \times dS + \frac{l}{S} \times d\rho \tag{4-2}$$

整理得

$$\frac{dR}{R} = \frac{dl}{l} - 2\frac{dr}{r} + \frac{d\rho}{\rho} \tag{4-3}$$

式中，$\dfrac{dR}{R}$ 表示阻值相对变化量；$\dfrac{dl}{l}$ 表示纵向相对变化量（即轴向应力）；$\dfrac{dr}{r}$ 表示半径方向相对变化量（即径向应力）；$\dfrac{d\rho}{\rho}$ 表示阻值率的相对变化量。

根据材料力学原理，轴向应变与径向应变间存在如下关系：

$$\frac{dl}{l} = \varepsilon, \quad \frac{dr}{r} = -\mu\varepsilon \tag{4-4}$$

式中，μ 是材料常量。故式（4-3）可整理为

$$\frac{dR}{R} = (1 + 2\mu)\varepsilon + \frac{d\rho}{\rho} \tag{4-5}$$

式中，金属材质的阻值率相对变化量 $\dfrac{d\rho}{\rho}$ 极小，可以忽略不计。因此，反映金属物质的灵敏关系应该表示为

$$K_0 = \left(\frac{dR}{R}\right)\Big/\varepsilon = 1 + 2\mu \tag{4-6}$$

由式（4-6）可知，在规定应力区域内，金属变化率与应变成正比。因此，监测到电阻应变片的电阻发生变化时，可以反演确定附着的海洋工程结构承受的外力（结构变形）。

为了更好地采集和存储电阻应变数据，基于电阻应变片的应变采集传输系统通常如图 4-6 所示。这种系统可以捕捉到微小电阻值变化并通过导线传输到电阻应变片采集仪中。此外，该系统还可以利用其内部特殊设计的桥式整流电路模块，将微小电阻值信号转换成弱电压信号。经过二次信号放大、滤波分析处理后，可以有效采集该弱电压信号，最终传输到微型计算机控制系统模块中，进行更深入的信息处理和滤波分析。图 4-7 展示了布放应变采集传输系统的海上作业平台。

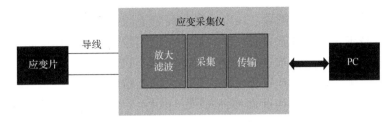

图 4-6　应变采集传输系统

图 4-7　海上作业平台[3]

4.3.2　压电贴片传感器

海洋工程是海洋资源开发的关键设备，但长期遭受潮汐、风力、海流、冰雹等多种气候环境变化的共同作用，需要实时监测其结构动力响应。压电贴片传感器是一种常用于海洋工程结构局部应变响应监测的传感器。该传感器由薄膜压电材料制成，具有良好的灵敏度和稳定性，可用于测量结构物表面的微小应变变化[23]。压电贴片传感器的优点是能够实现非接触式的应变监测，不会对结构物的力学性能产生影响。同时，由于其体积小、重量轻，安装方便，可以实现对结构物的全面监测，提高结构物的安全性和可靠性。压电贴片传感器主要由以下五个部分组成。

（1）敏感元件：敏感元件是压电贴片传感器的核心部分，它由压电材料制成。当压电材料受到外力时，其表面会产生电荷。

（2）电荷放大器：电荷放大器用于放大敏感元件产生的电荷信号，以便更好地进行测量。

（3）测量电路：测量电路用于对放大后的电荷信号进行变换阻抗和进一步处理，以便输出与所测物理量成比例的电信号。

（4）外壳：外壳用于保护传感器内部的敏感元件和电子元件，防止其受到外界环境的影响。

（5）引出线：引出线用于将传感器内部的电信号传输到外部测量仪器。

常用的压电材料包括压电陶瓷、压电单晶和高分子压电材料[24]。这些材料都具有良好的压电性能，能够在受到机械应力时产生足够的电荷信号。不同的压电材料具有不同的性能特点，可以根据具体应用需求选择合适的压电材料。PZT（锆钛酸铅）压电贴片传感器具有高灵敏度、宽频带和稳定性好等优点，可以实现高精度的应变测量，常用于测量微小应变变化，如结构物的弯曲、扭曲和振动等[25]。PVDF（聚偏二氟乙烯）压电贴片传感器具有较高的灵敏度和良好的柔性，可以适应复杂的结构形状和表面曲率。它的响应频率范围广，适用于测量结构物的动态应变响应和振动等。PVDF压电贴片传感器还具有良好的耐高温性能，可以在高温环境下进行应变监测[26]。除了PZT和PVDF，还有其他压电材料也可以用于制备压电贴片传感器，如氧化锆、氧化铌等[27]。这些材料在海洋工程结构局部应变响应监测中也有应用，具体选择需要根据实际应用需求和监测要求来确定。

在海洋工程结构局部应变响应监测中，压电贴片传感器通常被安装在结构物表面的关键部位，如焊缝、节点等处。当结构物受到外力作用时，会发生微小的应变变化，压电贴片传感器可以将这种应变变化转换为电信号输出，从而实现对结构物应变响应的监测[28]。

4.3.3　位移传感器

位移是一种由已知物体位置变化引起对其参考点位置发生的空间偏移量。随着监测技术的进步和结构维护需求的日益增加，实现结构位移的动态监测具有重要意义。通过对各类微型位移传感器数值（如矢量、绝对量）变化进行连续监测，可以获得海洋工程结构表面的几何变形度与结构屈曲半挠度、结构沉降、结构纵向水平偏移、横向位移变化等重要物理量。在20世纪80年代之前，人们将复杂的物理学量转化为便于测量和数据处理的信息，从而实现了移动、位置、液位、尺寸、流量、速度和振动等的定量测量。近二十年来，位移传感器的种类不断增多，应用领域和规模也在不断扩大。同时，越来越多的先进技术也被广泛应用于位移传感器中，包括LVDT（Linear Variable Differential Transformer）技术、超声技术、磁致延伸技术、光纤技术、时栅技术等[29]。由于工作原理、安装与测量接线方式、测量结构部位等不同，位移传感器的准确分类范围也各不相同，主要包括以下几方面。

（1）电位器式位移传感器：具体可以分为绕线型和非绕线型，其中绕线型传感器通常由一根电阻丝包裹在一个绝缘的框架上，通过每一根电刷线产生与传感器位移滑动测点电阻值相对应的电压和输入信号。非绕线型传感器则不需要这样的电阻，可以通过电流或电压来测量位移。通过电刷传感器，电位器式位移传感器可以将待测点的位移量变化为一个正比例的电压，或者随着输出频率的变化而变化，实现对位移量的实时监测。

（2）电阻应变式位移传感器：由具有弹性变形能力的元件和电阻应变片组成，当电阻测量杆受到外力时，这个元件会产生弹性变形，且随着外力的变化而发生线性变化。这种位移传感器具有出色的线性性能、高精度的分辨率、简单灵活的结构、便于现场使用的直观性等优点，但其测量位移范围较为有限。

（3）电容式位移传感器：用于测量电容器间的位移和距离，能够准确地测量电容器之间的接触情况，提高测量精度。其中，最为常见的变间隙式电容传感器具有低功率电耗、高阻抗值、良好的动态特性、可用于非接触测量等许多优点，但也存在测量信号精度偏小的问题，同时寄生态电容和分布态电容也会影响测量信号的传输精度。尽管电容式位移传感器具有较大的非线性误差空间等缺点，但它们仍然被广泛应用于极角距位变化型和极面积变化型的测量中。

（4）电感式位移传感器：利用电磁感应器基本原理来测量控制线圈电感内位移量，可以将监测到的位移量信息转换成电流自感系数和电压互感系数，通过智能转换器转换为电流量感知输出。通过电感式位移传感器，可以完成从非电能改变到电能改变的自动转换。电感式位移传感器分为线圈自感式、互感式（如 LVDT）、电涡流式三类，均具有很高的灵敏度和光学信号分辨率。

（5）光电式位移传感器：是一种非接触式的精密测量装置，采用半导体激光机发射的特定长度的激光波束，通过光学传感网络的发射，聚焦在被测物质表层，形成一种漫反射，可以实现对物质的精确测量。

（6）超声波位移传感器：利用超声波在两种特殊介质分界面点上产生的反射波特性，可以计算出从接收器发出的超声波脉冲信号到换能器接收到发射波信号之间的时间间隔，从而推导出物体的位置或物质的物理量。

4.3.4 加速度传感器

加速度传感器是传感系统中高速电子器件的重要组成部分，可以实现海洋工程结构的实时振动加速度监测，能够准确监测结构瞬时速度和加速度[30]。以压电加速度传感器为例，压电材料利用压电晶体信号的正负压电效应，可实现两种信号之间的线性转换，实现海洋工程结构加速度准确地监测。压电加速度传感器根据压电晶体正压电效应，直接由机械载能状态转化为机械电能状态，具有测量精度高、质量轻、体积小等优点，同时安装方便且基本不影响海洋工程结构整体性。压电加速度传感器的原理众多，根据对压电加速度的敏感性和监测器件可能产生的不同机械形变状态，可以大致区分为挤压式、剪切式、悬臂梁式三种。压电加速度传感器由质量块、压电敏感单元、底座和密封层、防护罩等部件组成[31]。挤压式结构，由压电敏感性部件、质量块、预紧螺钉等构成，紧密地套在装有螺杆的金属材料基础上。这种结构的共振频率高、监测频段范围广，且结构稳定性高。剪切式结构，其中质量块和压电元件被固定在中央螺杆上。该种结构有着较高的线性度、较高的灵敏度和较广的频率范围，但是它的装配难度较大，不能承受高温环境，稳定性也较差。悬臂梁式结构，当实验受到振动时压电元件会受到质量块的纵向压力，从而发生扭曲并发出电信号。

除此之外，电阻式振动加速度传感器可有效监测海洋工程结构在外部振动荷载冲击或自然频率脉动下的加速度变化。但由于其输出值有线性度偏差，在实际应用中需要引入外接运算电路或采用计算软件进行误差补偿，以确保测量结果的高精度和准确性。电感式加速度传感器是一种常见的加速度测量装置，它利用电磁感应原理来测量物体的加速度。该传感器通常由一个可移动的质量块和一个环形线圈组成。在传感器中，当物体受到加速度时，质量块会相对于环形线圈发生运动。这个运动会导致磁场的变化，从而在线圈中引起感应电压的变化。通过测量感应电压的变化，就可以确定物体受到的加速度大小。它可以测量海洋工程结构的振动和变形，用于检测结构的疲劳状况、损伤位置和临界值，从而进行及时维护和修复，确保结构的安全性和可持续性。

4.4 位移与加速度传感器的海洋土木工程应用

4.4.1 位移传感器的海洋土木工程应用

结构变形监测一直是海洋土木工程监测感知技术中不可或缺的重要组成部分，国内外学者在这一领域进行了大量深入的研究探索，为海洋工程结构安全服役提供了有力的技术支持。从20世纪80年代后期起，世界上多个国家开始研发大型工程结构监测系统。例如，英国Foyle桥上装备了桥梁变形挠度监测装置，美国佛罗里达州Sunshine Skyway桥上装备了温度、应力、位移等参数的测试装置。在海洋工程结构监测感知领域，我国虽然起步较晚但发展非常迅速。近年来，中国在海洋工程结构挠度、位移等监测方面取得了一定进展，监测方法主要分为人力记载法测量系统、计算机辅助自动测量法两类。其中，人力记载法测量系统是广泛应用于各种海洋工程结构监测、检定、危险结构修复和改造、加固，以及老旧结构质量检查或验收等工程的技术方法，包括水准仪法、经纬仪法等。计算机辅助自动测量法通过使用全站仪、倾角仪、激光仪、成像仪、连通管仪等设备，结合高精度GPS卫星定位测量法，可以更好地满足海洋工程结构监测需求。

以港珠澳大桥为例，作为世界上最长的跨海大桥之一，该桥在建设过程中采用了压电贴片位移传感器监测系统，用于实时监测桥梁的变形、承载情况和风荷载等情况。连接江苏省苏州市和江苏省南通市的苏通长江公路大桥，也使用了压电贴片位移传感器监测系统。该系统能够监测桥梁结构的变形，帮助确保桥梁的安全运行。

4.4.2 加速度传感器的海洋土木工程应用

加速度传感器在海洋土木工程中发挥着重要作用，用于结构振动监测、海洋地震监测、海洋平台振动控制以及人工岛屿监测等方面，确保工程的安全性和可靠性。海洋土木结构，如海洋平台、海底隧道、海底管线等可能受到风浪、潮汐、地震以及海洋交通等因素的影响而发生振动。加速度传感器可以被安装在这些结构上，用于实时监测和记录结构的振动情况，从而评估结构的稳定性和安全性。加速度传感器广泛应用于海洋地震监测系统中。这些传感器可以被部署在海底地震仪、海洋浮标或海洋测量设备上，用于检测和记录海洋地震活动。这对于研究海洋地壳运动、预测海啸、评估地质风险以及制定海洋工程设计标准都非常重要。

在海洋油田开发和海洋能源领域，加速度传感器可用于海洋平台振动控制系统。这些传感器可以测量海浪引起的平台振动，并将数据反馈给控制系统，从而实现对平台的主动控制和稳定运行。加速度传感器可安装在人工岛屿和填海工程中，用于监测和评估填海区域的沉降、地震活动和海浪引起的波浪荷载。这些数据可以帮助工程师了解填海工程的稳定性，并采取必要的维护和修复措施。在南海和东海的海上风电场中，风力涡轮机通常会使用加速度传感器来监测风机叶片和风力涡轮机塔架的振动。这可以帮助确定结构的健康状况，检测任何异常振动或损坏，并采取相应的维护措施。港珠澳大桥上使用的加速度传感器可用于监测结构受到的风浪荷载、地震力以及船舶碰撞等引起的振动情况，辅助进行结构的健康评估和结构优化设计。海上油田钻井平台上的加速度传感器用于监测海浪、风浪和地震等因素引起的结构振动，并提供实时数据以进行结构监测和振动控制。

4.5　多技术耦合组网监测系统

4.5.1　多传感器组网监测系统概述

结构健康监测系统利用智能传感网络，在线实时或离线定时监测海洋工程结构物，快速定量分析获取的监测数据（如应力、应变、振动模态、波传播特性等），结合传感器信号特征、信息分析处理新方法，研究分析评估海洋工程结构的损伤程度和损伤结构特征参数，实现损伤结构服役状况评估，保证海洋工程结构服役安全[32]。组网监测系统通常由多传感器、驱动器、信号信息处理元件、外部计算机数据采集系统等组成，如图 4-8 所示。各种感应器节点被安装在结构构件表面或预埋在构件中，形成传感器阵列或网络。信号数据处理器件可以分析和处理监测数据，更准确地评估结构状况、及时发现损坏。

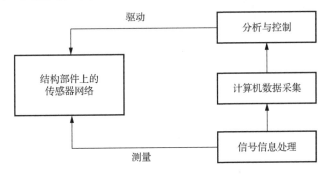

图 4-8　组网监测系统

组网监测系统可以分为主动监测系统和被动监测系统。其中，主动监测是一种特殊的监测方式，它通过向驱动器内部施加激励，使结构部件始终处于最轻微的振动响应状态，或直接在结构部件振动中产生激发弹性波（如 Lamb 波），实现对结构健康状况的实时监测，如图 4-9（a）所示[33]。以 Lamb 波为例，由于结构构件损伤会引起应力聚集、裂缝扩大，所以 Lamb 波信息会受到散射和热量吸收的影响。因此，通过压电元件激励结构产生高频 Lamb 波，并对其特征进行处理可实现结构构件的准确监测，识别微小的损伤，确保构件内部安全。在主动监测系统中，传感器分布在驱动器周围接收结构振动的反馈信号，通过分析这些信号和损伤特征，有效地监测结构内部存在的各种损伤。被动监测不需要驱动器直接激励，仅依靠传感器对结构构件参数及其内部环境参数等进行实时测量，根据实际采集出来的各种参数，结合计算机分析和信号信息采集处理分析技术等，确定结构构件的损伤状态，如图 4-9（b）所示。无论主动或被动监测系统，多传感器网络是获取结构构件健康监测数据的关键技术。

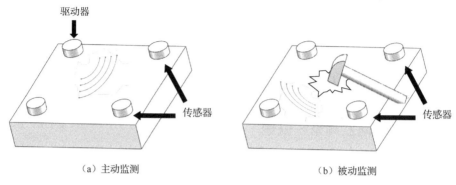

（a）主动监测　　　　　　　　　　（b）被动监测

图 4-9　传感器监测分布

4.5.2　无线传感器及其网络特性

目前，无线传感定位技术已开始逐渐向土木工程结构地基监测研究领域有所渗透并逐步成为国内外这几个方面监测研究应用的另一个主要热点。虽然目前有线传感器系统在相对价格方面以及其产品种类方面取得的领先优势仍然难使其能在监测系统领域继续占据主导地位，但由于无线健康传感器网络及其相关网络设备所具备特有的网络优势现在已经日益凸显出来，随着对结构中健康状况监测以及无线健康传感器网络方面内容的广泛研究和技术在实际结构检测中的广泛深入使用，无线健康传感器网络未来将会逐步全面取代传统有线传感器网络。无线传感器网络（WSN）与移动 Ad-hoc 网络有着相似之处，但也存在着许多不同[34]，具体包括以下几种不同。

（1）拓扑结构不同：传统网络通常采用基于设备的中心化拓扑结构，而无线传感器网络则采用分布式自组织的拓扑结构。WSN 中的传感器节点通过无线通信相互连接，形成一个自组织的网络结构。

（2）能源限制不同：传统网络通常有稳定的外部电力供应，而无线传感器网络的节点通常由有限的内部能源供电（如电池）。这导致 WSN 在设计时需要考虑能源消耗的问题，并采取节能措施。

（3）数据传输方式不同：传统网络通常以点对点的方式进行数据传输，而无线传感器网络中的节点通过多跳方式将数据传输到目标节点。WSN 中的节点可以充当数据收集器、中继器或源节点，实现数据的汇聚和转发。

（4）网络规模不同：无线传感器网络往往由大量的节点组成，可以覆盖广阔的地理区域。由于节点数量多且分布广泛，WSN 面临更复杂的管理和通信挑战。

（5）应用场景不同：传统网络主要用于人们的日常通信和互联网接入，而无线传感器网络主要应用于环境监测、智能交通、农业农村等领域。WSN 通过节点之间的感知和数据采集，实现对特定环境的实时监测和智能控制。

总的来说，无线传感器网络与传统网络在拓扑结构、能源限制、数据传输方式、网络规模和应用场景等方面存在显著的不同，这些特点决定了 WSN 在特定领域具有独特的应用和优势。

4.5.3　无线传感器节点组成

无线传感器网络由大量传感器节点组成，这些节点被密集地放置在测量环境或非常接近要测量的环境中。传感器节点不需要经过工程处理或预先定位，可以随机放置在人类难以到达的地形或灾难区域，从而减轻工作强度。换句话说，传感器网络的协议和算法应具有自组织特性。传感器节点的另一个特点是它们能够相互协作。每个传感器节点上都集成了小型处理器，这使得它们无须将大量原始数据传输到汇总节点（或基站），而只需将提取出的特征数据发送给汇总节点。传感器节点的基本组成包括能量单元、检测单元、处理器单元、存储器单元以及数据发送接收的传输单元。在传感器节点中，检测单元是一个重要的组成部分。它由传感单元 A/D 转换电路及其附属电路构成，用于检测对象的各种变化并将输出传输至微处理单元。微处理单元负责对传感器信号进行采集和预处理，并与无线模块进行数据交换，实现数据传输。无线模块则用于以无线通信方式传输传感器数据。采用太阳能电池来解决能源问题，但由于实际应用环境可能无法提供太阳能或者太阳能电池造价较高的问题，目前常采用化学电池或锂电池作为能源。对于锂电池供电电路，可以通过外部电路对其进行充电。定位系统通常在事先不知道传感器放置位置的情况下使用。而运动机构则适用于需要传感器节点在不同位置进行检测的场合。同步时钟则实现了多个传感器节点的同步采集和时钟校准功能[35]。

总体来说，单个传感器节点实现了集微电子技术、低功耗信号处理、低功耗位运算等各种性能于一身。

4.5.4　无线传感器网络生成及其节点工作原理

无线传感器网络的生成通常经历以下步骤。首先，传感器节点被随机地布置，可以通过人工、机械或者空投等方法进行。在实际应用中，也可以将传感器节点放置在指定的位置上，从而省略定位系统的需求。其次，布置的传感器节点进入自检和唤醒状态，每个节点会发出信号来监测和记录周围传感器节点的工作状态，同时还会向中心控制站（基站）发送信息，以告知自身的工作状态。再次，在监测到周围传感器节点的情况下，这些传感器节点会利用一定的组网算法形成一个按照一定规律连接的网络。最后，组成网络的传感器节点根据一定的路由算法选择适当的路径进行数据通信，完成数据采集、处理和发送的任务。网络的生成过程如图 4-10 所示。

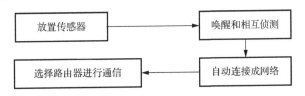

图 4-10　无线传感器网络生成过程

在无线传感器网络生成后，传感器节点一直处于监听状态。当节点未收到外界命令时，为了节能，节点会进入睡眠状态。然而，一旦接收到中心的唤醒命令，节点会自行进行初始化，并等待进一步的命令。当节点接收到采集指令后，它会初始化各种采集参数，并开始进行数据采集和预处理。然后，节点将采集到的数据打包，并发送给基站。基站接收到数据后，会对数据包进行解包，并提取有用的特征数据。随后，基站利用智能算法对这些数据进行处理，识别监测对象，并相应地制定监测措施[36]。

4.5.5 多传感器组网监测技术研究现状

在面向结构健康监测的无线传感器网络中，组网技术涉及多个方面。首先是硬件节点，它是组网的基础。其次是 MAC 协议、路由协议和拓扑控制，这些是组网技术的核心内容。时间同步和可靠性通信是组网技术的关键支撑技术。此外，还有数据融合、数据压缩以及节点故障诊断等技术，它们属于组网的应用支撑技术。本节将通过四种方法，即硬件节点的设计、组网的核心内容、组网的关键支撑技术以及组网的应用支撑技术，来深入阐述面向结构健康监测的无线传感器网络的组网技术的现状和需求[37]。

1. 组网基础——硬件节点的设计

在面向结构健康监测的无线传感器网络中，传感器节点是核心和基础，直接影响着结构监测的性能。在研制结构监测的传感器节点时，国内外学者或在通用传感器节点的基础上加以改进，或通过自主研制节点，以实现结构监测，其目的都是更准确地采集结构健康信息。B. F. Spencer 和 T.Nagayama 等为了监测土木结构的振动特性，在 Imote2 节点的基础上开发了 SHM-A 监测平台，并开展了一系列的土木结构健康监测的研究。然而，过去的传感器节点平台系统大多仅限于监测普通土木结构，如桥梁和建筑幕墙，而不能满足各种应用领域的要求。因此，我们需要设计特殊的传感器节点，并充分考虑它们的抗干扰性、可信度和实用价值。在自主开发面向特定应用领域的专有节点方面：2004 年，研究人员 Lynch 和 Zhao 设计了一种新型的无线传感器节点，用于监测土木结构健康状况。这种节点采用了 RangeLAN2 无线调制解调模块，但它的体积较大，功耗也较高。2007 年，Zhao 和他的团队开发了一种新型的无线传感器节点，它使用 LINX 公司的 RF 无线模块，可以实现对航空加筋结构的主动监测。在我国，2004 年哈尔滨工业大学研制了第一个集成的有无线加速度传感器和无线温度传感器等的无线温度传感器节点，在实验室内也进行了小振动台的实验，对加速度传感器的相关软硬件系统等的开发进行了较初步深入的实验开发研究。南京航空航天大学研究团队，针对航空结构材料的安全健康风险监测，较早地研制了面向结构监测的应变节点和故障仿生可修复节点，并开展了节点在结构监测中的验证研究。

2. 组网的核心内容

无线传感器网络组网的核心内容包括拓扑控制、MAC 协议和路由协议。拓扑控制是面向结构健康监测的无线传感器网络组网中的核心技术之一。其目的是获取高效优化的骨干网络，以提高网络的吞吐量、生存周期和降低能耗等性能。

传统的无线传感器网络拓扑控制算法主要分为基于功率和基于层次分析簇的拓扑控制算法。其主要思想是通过合理分配节点的发射功率、选取网络中的骨干节点等方法，在满足网络连通质量和覆盖质量的条件下，实现网络的优化。拓扑控制是无线传感器网络组网中不可或缺的核心技术，它旨在通过优化骨干网络，提升网络的吞吐量、生存周期和能耗等性能，从而实现更高效的网络运行。传统的拓扑控制算法可以有效地提升网络的性能和可靠性，它们可以有效地提升网络的性能和可靠性。通过优化节点发射功率分配和选择网络中的关键节点，可以在保证网络连接质量和覆盖质量的前提下实现网络的最佳性能。但在面向结构监测的无线传感器网络中，其应用具有实时性、可靠性、同步性和拓扑结构变化小的特点，传统的 WSN 的拓扑控制算法不能完全适用于结构健康监测的领域。因此需要根据不同应用环境设置特定的拓扑控制技术。

MAC 协议在无线传感器网络中起着关键的作用，MAC 协议负责调度和分配无线传感器网络中有限的无线资源，如时间、频谱和功率，以确保网络中的节点能够公平、高效地使用这些资源。MAC 协议通过采用不同的冲突避免和解决机制，如时隙分配、碰撞检测和重传机制，来避免和解决冲突，保证数据的可靠传输。MAC 协议可以通过合理管理节点的活动和睡眠状态、调整发送功率和数据传输速率等方式，最大限度地延长网络的寿命。MAC 协议负责控制节点之间的数据传输流程，包括数据帧的发送和接收、数据的路由选择和转发。MAC 协议有利于实现高效、可靠、节能的无线传感器网络。路由协议是面向结构健康监测的无线传感器网络组网中的重要核心技术，其主要功能是负责将采集数据分组后，寻找优化路径然后沿着该优化路径将数据正确转发。在传统的 WSN 中，根据不同的应用对象，路由协议可以分成层次路由协议和平面路由协议、主动路由协议和按需路由协议等。这些路由算法大多考虑系统的节能有效、路由开销等性能因素。但在面向结构监测的无线传感器网络中，由于传感器节点的物理位置往往相对固定，网络的拓扑结构变化较小，结构监测中更多地关注数据的及时采集、实时可靠地传输。因此面向结构监测的路由协议与传统的无线传感器网络的路由协议有着明显的区别，其重点考虑的是路由路径的可靠性、数据传输的实时性和同步性。

3. 组网的关键支撑技术

时间同步是整个无线传感器系统中协同工作的一个关键技术，WSN 许多技术及应用都依赖于时间同步，如路由协议、TDMA、节点定位、数据融合等都要求网络中的所有节点保持精确的同步。针对 WSN 的时间同步，自 2002 年 Elson 等首次提出研究课题以来，已有相当多的典型时间同步算法，如 RBS、TPSN、DMST 和 FTSP 等。

在面向结构监测的无线传感器网络中，数据传输过程中的丢包现象会导致结构健康监测处于不确定状态，并影响结构损伤识别的精度。因此在面向结构监测的无线传感器网络的组网过程中，必须重视数据的可靠性传输。目前无线网络通信中，通常在不同的通信层上使用不同的机制来实现可靠性通信。例如，在物理层上使用前向纠错（Forward Error Correction，FEC）提供比特级的差错控制[38]，该方法的优势在于效率较高，但对信道的适应能力较差；在数据链路层使用自动重发请求（Automatic Repeat Request，ARQ）提高网络传输的可靠性，该方法实现简单、可靠性高，对信道具有很强的适应能力；在网络层（路由）使用网络的冗余传送来实现可靠性，包括多路径和丢包重传策略，该方法具有延时小的优势，但数据包冗余发送量增大，浪费了传感器网络有限的能源和带宽[39]。

4. 组网的应用支撑技术

在数据压缩方面，由于结构监测领域通常需要布置大量的传感器节点，所以通过较高频率的采样率进行数据采集和实时监测。为了平衡网络的能量、降低数据存储和传输的成本，需要在采集数据传输前实现数据的压缩。

数据融合是无线传感器网络中非常重要的研究内容，也是面向结构健康监测的无线组网中的一项应用支撑技术。它通过一定的算法将传感器节点采集到的大量原始数据进行各种网内处理，去除冗余信息，只将少量的有意义的处理结果传输给汇聚节点，从而能减少网络传输的数据量，降低数据冲突，延长网络寿命。

4.5.6　多传感器监测网的海洋土木工程应用

自 20 世纪 80 年代中后期起，海洋土木工程领域对传感器监测网络的研究变得非常活跃。国外开始建立各种规模的海洋土木工程传感器监测网络。建立典型传感器监测网络以及结构健康监测系统的桥梁有：挪威的主跨为 530m 的 Skarnsundetbru 斜拉桥、美国主跨 440m 的 Sunshine Skyway 斜拉桥、丹麦主跨 1624m 的 Great Belt 悬索桥，以及加拿大的 Confederation 桥。英国主跨 194m 的 Flint Shire 独塔斜拉桥在总长 522m 的三跨变高度连续钢箱梁桥上布设传感器，在车辆与风载作用下监测大桥运营阶段主梁的振动、挠度和应变等响应，同时监测环境风载和结构温度。

从 20 世纪 90 年代开始，国内在一些大型重要桥梁上安装了不同规模的结构监测系统。例如，苏通长江公路大桥、润扬长江公路大桥、山东滨州黄河大桥、哈尔滨松花江公路大桥、山东东营黄河公路大桥、大佛寺长江大桥安装了结构状态监测系统，马桑溪长江大桥安装了变形动态监测系统，茅草街大桥、招宝山大桥安装了结构健康监测系统等。虎门大桥等在施工阶段已安装传感设备，从而实现运营期间的实时监测。徐浦大桥结构状态监测系统的监测内容包括车辆荷载、温度、挠度、应变、主梁振动、斜拉索振动六个部分。平台结构响应监测的主要内容包括两个方面：一是监测导管架关键节点的应力，给出动态应力的长期分布情况；二是针对平台重要部位的加速度进行监测，给出平台的整体运行性能。达到了三方面研究目的，包括：通过实测响应结果与设计分析结果的比较，更确切地了解了平台的强度及动态特性；通过将实测响应结果与应用实测环境参数所推算出来的结果进行比较，实现了对现行设计方法和程序的验证和完善，有利于同类型平台的设计及提高设计水平；应力的长期分布情况为疲劳分析提供了可靠的数据。

近期，研究人员开发了海上平台结构实时安全监测系统，如图 4-11 所示。首先用设备实时采集各环境荷载数据并基于理论分析得到结构物的环境荷载，其次对结构储备强度与剩余强度进行定量分析得到环境荷载安全指标，最后实时评定结构的安全状况。

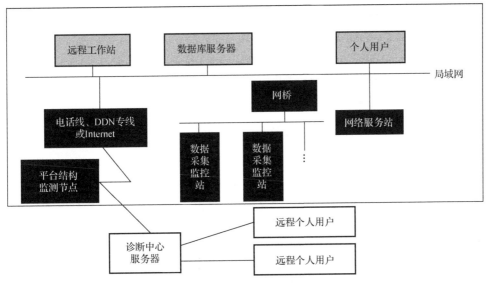

图 4-11   海上平台结构实时安全监测系统

4.6 本 章 小 结

本章重点介绍了智能监测感知技术在海洋工程中的应用，包括常见的智能监测感知技术、代表性传感器在海洋土木工程中的应用、无线组网监测系统三部分内容。其中，第一部分重点介绍了监测感知技术的出现背景，使用监测感知技术的大型海洋工程以及目前常用的监测感知技术，监测感知技术主要包括损伤识别技术和安全性评估技术。第二部分重点介绍了应用于大型海洋工程结构监测的监测感知技术，并重点讨论了电阻应变片传感器、压电贴片传感器、位移与加速度传感器等代表性监测感知技术在海洋工程核心结构构件中的应用。第三部分重点阐述了应用于海洋工程中的多技术耦合组网监测系统，介绍了多技术耦合组网监测系统在苏通长江公路大桥、虎门大桥等大型工程中的应用。本章的内容旨在向读者介绍海洋工程建设中所使用的智能监测感知技术，并展示了智能监测感知技术的发展。随着科技的不断发展，未来的监测感知技术会更加智能化、高效化。

参 考 文 献

[1] 王颖, 韩光, 张英香. 深海海洋工程装备技术发展现状及趋势[J]. 舰船科学技术, 2010, 32(10): 108-113, 124.

[2] 王剑. 海洋工程结构与船舶防腐蚀技术探究[J]. 船舶物资与市场, 2022, 30(2): 62-64.

[3] 孟凡超, 刘明虎, 吴伟胜, 等. 港珠澳大桥设计理念及桥梁创新技术[J]. 中国工程科学, 2015, 17(1): 27-35, 41.

[4] 柳承茂, 刘西拉. 结构安全性综合评估方法的研究[J]. 四川建筑科学研究, 2004, 30(4): 46-48, 58.

[5] 胡果. 海洋石油平台结构安全寿命评估与维修[J]. 新技术新工艺, 2016(6): 83-85, 92.

[6] 高博, 柏智会, 宋宇博. 基于自适应引力算法的桥梁监测传感器优化布置[J]. 振动与冲击, 2021, 40(6): 86-92, 189.

[7] 兰明强, 刘小勇, 王祥, 等. 桥梁前端监测传感器现场校准工程实践——以某城市生命线工程项目为例[J]. 建筑经济, 2022, 43(S1): 1055-1059.

[8] 李禹剑. 基于无线传感器网络的桥梁健康监测方法研究[D]. 太原: 中北大学, 2020.

[9] 王坚强. 桥梁结构智能感知传感器优化配置研究[D]. 兰州: 兰州交通大学, 2022.

[10] 王海, 岳东杰. 基于 EMD 的桥梁 GPS 动态监测数据处理[J]. 测绘工程, 2015, 24(11): 68-72.

[11] 许强. 面向桥梁应变监测的无线传感器网络关键技术研究[D]. 南京: 东南大学, 2019.

[12] 张政华, 毕丹, 李兆霞. 基于结构多尺度模拟和分析的大跨斜拉桥应变监测传感器优化布置研究[J]. 工程力学, 2009, 26(1): 142-148.

[13] 时圣鹏. 斜拉桥健康监测系统传感器优化布置研究[D]. 长沙: 中南大学, 2011.

[14] 李嘉波, 叶敏, 李四维, 等. 桥梁无线传感系统设计与分析[J]. 传感器与微系统, 2017, 36(12): 68-70.

[15] 欧阳东. 桥梁检测中的数据处理及分析研究[D]. 合肥: 合肥工业大学, 2003.

[16] 赵玲, 刘云, 黄乔勇. 桥梁健康监测中多传感器的时空数据配准分析[J]. 云南大学学报(自然科学版), 2012, 34(1): 20-25.

[17] 陈锦. 桥梁健康监测传感器布点优化的实例研究[J]. 市政设施管理, 2010(3): 34-38.

[18] 李明. 基于多传感器信息融合的桥梁健康监测系统设计[D]. 武汉: 武汉理工大学, 2013.

[19] 鲁军, 苏超锋. 磁控形状记忆合金传感器优化设计[J]. 电气工程学报, 2018, 13(12): 1-6.

[20] 金少澄. 关于数据采集系统中的信号处理与数据传输技术研究[J]. 电子世界, 2019(10): 162-163.

[21] 王凌波, 王秋玲, 朱钊, 等. 桥梁健康监测技术研究现状及展望[J]. 中国公路学报, 2021, 34(12): 25-45.

[22] 袁卫国. 桥梁结构安全性评价的智能化发展趋势[J]. 国外建材科技, 2005, 26(2): 42-44.

[23] 宁俐彬, 高国伟. 基于 PZT 的压电触觉传感器的研究进展[J]. 压电与声光, 2022, 44(4): 625-637.

[24] 王昌群. PZT 基柔性压电材料组织结构与性能研究[D]. 贵阳: 贵州大学, 2022.

[25] 梁亚斌. 大跨斜拉桥的局部损伤监测和环境因素影响分离[D]. 大连: 大连理工大学, 2016.

[26] 沙永忠, 姜宏伟, 李盘文. 柔性压电传感器的设计[J]. 测控技术, 2011, 30(3): 1-4.

[27] 宋博. 基于机械放大式机构的 PZT（微）纳米驱动位移的传感检测与感知研究[D]. 合肥: 中国科学技术大学, 2009.

[28] 赵晓燕. 基于压电陶瓷的结构健康监测与损伤诊断[D]. 大连: 大连理工大学, 2008.

[29] 李晓阳, 王伟魁, 汪守利, 等. MEMS 惯性传感器研究现状与发展趋势[J]. 遥测遥控, 2019, 40(6): 1-13, 21.

[30] 李传君, 王庆, 刘元清, 等. GPS 在润扬大桥悬索桥挠度变形观测中的应用[J]. 工程勘察, 2010, 38(3): 65-68.

[31] 王培伦. Lamb 波结构健康监测集成化系统研究与验证[D]. 南京: 南京邮电大学, 2016.

[32] 万辛. 基于机会网络中移动人群感应的邻居协作机制[J]. 计算机与数字工程, 2017, 45(10): 1999-2003, 2078.

[33] 季赛. 面向结构健康监测的无线传感网的组网技术研究[D]. 南京: 南京航空航天大学, 2014.

[34] LUO Y Z, ZHAO J Y. Research status and future prospects of space structure health monitoring[J]. Journal of building structures, 2022, 43(10): 16-28.

[35] 周雁, 王福豹, 黄亮, 等. 无线传感器执行器网络综述[J]. 计算机科学, 2012, 39(10): 21-25.

[36] 季赛, 黄丽萍, 孙亚杰. 面向无线传感结构健康监测的压缩感知方法研究[J]. 传感技术学报, 2013, 26(12): 1740-1746.

[37] 李树涛, 魏丹. 压缩感知综述[J]. 自动化学报, 2009, 35(11): 1369-1377.

[38] 康健, 左宪章, 唐力伟, 等. 无线传感器网络数据融合技术[J]. 计算机科学, 2010, 37(4): 31-35, 58.

[39] 高占凤, 杜彦良, 苏木标. 桥梁振动状态远程监测系统研究[J]. 北京交通大学学报(自然科学版), 2007, 31(4): 45-48, 60.

第5章　海洋智能土木工程监测感知技术

本章重点介绍智能监测感知传感器组网监测技术、监测数据实时分析处理与评估技术、跨域全生命周期一体化监测感知系统三部分内容。其中，第一部分重点介绍海洋土木工程监测感知的硬件设备。第二部分重点介绍海洋土木工程监测感知的软件系统。第三部分重点介绍海洋土木工程监测感知的预警系统。

5.1　智能监测感知传感器组网监测技术

智能监测感知技术指使用先进传感技术，对海洋土木工程的物理变化进行及时准确监测的技术。海洋土木工程组网监测需要进行水上-水下跨域监测，通过多传感技术和组网传输技术相互配合完成，从而获得海洋土木工程真实服役状态信息。海洋土木工程智能传感组网系统主要包括传感器、数据采集芯片、数据传输收发模块等硬件设备。海洋土木工程监测系统分为硬件系统和软件系统两部分。其中，硬件系统主要包括传感器和无线传输部分，软件系统包括数据处理和预警系统部分。

5.1.1　传感器技术

传感器是一种传感装置，能够检测被测量的物理信息（如振动、加速度等），并将检测到的信息按照一定的规律转换成电信号或其他需要的信息形式输出，以满足信息存储、传输、显示、记录等要求。海洋土木工程中常见的传感器主要包括光纤传感器、压电传感器、基于光学的位移测量系统、磁致伸缩传感器等[1]。这些智能传感器的目的是解决传统传感器（如电阻应变计、有线加速度计等）在测量精度上的局限性，并测量机电阻抗和导波等结构特性[2]。

在海洋土木工程结构健康监测中，位移一直是重要的监测指标。传统位移传感器很难直接测量海洋结构物的位移，特别是当其尺寸较大时，监测更加困难[3]。以新型位移传感器为例，全球卫星导航系统是一种很有潜力的位移传感技术。全球卫星导航系统（GNSS）是指一组卫星地球轨道系统，可以为地球上广泛的位置应用提供无线电导航和定位服务。该系统包括由各国政府或私人部门发射的一组卫星，以及全球性的地面设备和用户终端设备。常见的 GNSS 包括 GPS（美国全球定位系统）、GLONASS（俄罗斯全球卫星导航系统）、BeiDou（中国北斗卫星导航系统）、Galileo（欧洲伽利略卫星导航系统）等。GNSS 技术以卫星为基础，其工作原理是由卫星间时刻传递自己的位置信息和时间信息，接收器设备接收到该信号后，通过比对其自身的时间信息和收到卫星时间信息之间的延迟，便能计算出自己的位置。GNSS 技术最初被用于地图绘制、空气交通管理、军事应用等领域，随着技术的不断发展和使用场景的不断扩大，现在已经很好地渗透到了民用市场中，广泛应用于车载导航、航空航天、物流运输、测绘勘察等方面。GNSS 的优势在于其具有定位范围为全球、定位精度高、定位成本低等特点。同时，GNSS 技术也有其局限性和挑战性，例如，信号传输受天气、地形、建筑物等因素的影响，对定位精度有一定影响；GNSS 技术也无法直接获得深海、密林、城市峡谷等区域的精准定位。但是，针对这些问题，GNSS 技术领域的专家一直在不断进行研究和创新，通过技术改进和多系统联合等方式，不断提高GNSS 技术的应用性能和稳定性。综上所述，全球卫星导航系统是一种十分成熟的位移传感技术，能够为人们提供更加方便、精准的定位服务，广泛应用于各个领域。通过不断地技术升级和系统优化，全球卫星导航系统必将会在未来的应用中发挥更大的作用。

根据传感原理，光纤传感器可分为光纤布拉格光栅（Fiber Bragg Grating, FBG）传感器、外部法布里-珀罗干涉（External Fabry-Perot Interferometer, EFPI）传感器和光学时域反射（Optical Time-Domain Reflectometry, OTDR）传感器[4,5]。在应用于海洋工程结构的光纤传感器中，光纤布拉格光栅已成为一种可靠的监测工具，是满足海洋工程结构状态监测要求的有效传感器技术[6]。压电传感器是基于压电效应的传感技术，利用压电传感器来测量主要结构的阻抗。常用的压电换能器包括压电电容式的传感器、压电电阻式传感器、压电石英晶体传感器、压电陶瓷传感器等[7,8]。其中，压电陶瓷传感器基于陶瓷压电材料，通过将监测指标力学性质变化转换为电荷或信号，能够监测压力、加速度、温度、应变或应力变化。

在海洋土木工程中，传感器的应用领域与重要性也越来越受到重视。海洋环境复杂、变化莫测，因此如何有效地监测和预测海洋的气象、水文、海洋动力学、海洋生态环境等变化对于海洋建设、开发、保护极为重要。传感器在海洋土木工程中的应用主要涵盖水下测量、海洋观测、健康监测等方面。在水下测量方面，传感器用于对海底地形、海底物探、海流、涌流、海底土的状态等的实时监测，对开展海底石油与天然气勘探、海底资源评价等工作起着十分重要的作用。在海洋观测方面，传感器能够对海洋环境监测、气象站、海上浮标和船只上的海洋观测与探测设备进行智能化、网络化的管理。在健康监测方面，传感器用于对海洋工程的结构运行状态、损伤和寿命预测等方面进行实时检测与监测。综上所述，传感器在海洋土木工程中的应用对于促进海洋工程技术的创新发展以及保护和利用海洋资源具有举足轻重的作用，随着技术的不断提高，相信传感器在海洋领域的应用前景将更加广泛。

5.1.2　无线传输技术

得益于无线技术的快速发展，无线数据传输被越来越多的行业采用。无线传输的主要方式是模拟微波传输和数字微波传输[9]。模拟微波传输的工作原理是将视频信号设置在微波信道（如 HD-630 微波发射器），通过天线（如 HD-1300LXB）进行信息发射，监控中心能够通过天线捕捉到微波信号，进而通过天线信息传播，原始视频信号主要通过微波接收器（如 Microsat 600AM）进行调节。在监控中心上设置对应的指令发射器（如 HD-2050）能够实现云台镜头控制，但需要在监控的界面上装备适应的接收器（如 HD-2060）。这种监控方式的优势是传输画质清晰、零延迟、压缩损失低、造价低廉、安装调试便利，非常适用中继和监控点的设置需要。然而，其技术劣势在于天气和周围的环境很容易对信号造成影响，抗干扰性差、传输距离较短。近年来，模拟微波传输技术已逐渐被数字微波等技术取代。通过视频（HD-6001D）进行数字微波传输，通过以 HD-9500 为主的数字微波通道信号调制，最后通过天线进行数字发射并将模拟信号视频进行还原。

4G 技术是第四代移动通信技术，是一种面向数据业务的全新无线通信技术。它采用正交频分多址（Orthogonal Frequency Division Multiple Access，OFDMA）技术，并将多输入多输出（Multiple-Input Multiple-Output，MIMO）技术、高速数据传输技术和 IP 技术等集成于一体，从而拥有更高的带宽和更快的数据传输速率，最高可达 100Mbit/s～1Gbit/s，支持语音、视频、图像等多媒体数据服务。4G 技术将有利于移动互联网的普及和发展，进一步提高了用户的跨时间、跨空间数据访问和实时多媒体应用的品质。

5G 技术是第五代移动通信技术，是在 4G 技术基础上的升级，建立了超大规模用户、超高速率、超低延迟的通信系统，主要包括三个方向：高速率、大连接和低延迟。它采用了 MIMO 技术、大规模阵列天线技术、毫米波通信技术、网络切片技术等，最高可达 20Gbit/s 的峰值数据传输速率、1ms 以下的极低时延等优势，大大拓展了移动通信服务的应用领域，包括虚拟现实（VR）/增强现实（AR）、智慧交通、自动驾驶、智能医疗等。

窄带物联网技术是一种低功耗广域物联网通信技术，是基于 4G 技术发展而来的新兴技术，主要应用于物联网设备的长时间运行和低功耗需求领域。它采用了窄带物联网技术、低功耗、低速率、低复杂度的设计思路，并具有覆盖广、能耗低、连接稳定、网络容量强等优势，支持微信小程序、蓝牙、Wi-Fi 等多种传输方式，极大地推动了物联网技术的普及和应用。综上所述，4G、5G 和窄带物联网技术在无线传输方面的发展一直受到广泛关注，它们在提高数据传输速率、降低传输延迟、延长终端电池寿命等方面有着诸多优势，对于推动物联网技术的发展和智能化进程具有重要意义。

5.1.3　无线物联网智能组网架构

我国在无线物联网领域起步相对较晚。随着 2016 年窄带物联网标准的正式制定和商用，低功耗广域物联（Low Power Wide Area Network, LPWAN）技术缺失的问题得到解决，在物联网基础建构层面为广域物联提供了有力的基础[10]。在海洋土木工程领域，海洋物联网（Ocean Internet of Things, OIoT）是一种新兴的物联网技术。海洋物联网基于传统物联网技术并在原有基础上进行了改良和提升，重点关注海洋物联领域，实现了"空中-海面-水下"跨域智能传感监测终端的互联互通，跨域整合多种海洋土木工程传感器信息，实现对海洋工程繁杂数据的采集和系统化管理。海洋工程结构单个构件通常由多个传感单元组成单个传感组，多构件传感组组成监测感知网络系统，这些网络系统协同海面传感平台（如测量船、水上风机、水上平台等）、陆上传感平台（如陆上风机组等）和空中传感系统（如天气预警系统）共同组成整体海洋物联网。目前应用最广泛的两种物联网技术为窄带物联网（Narrow Band-Internet of Things, NB-IoT）和远距离无线电（Long Range Radio, LoRa）。

1. 窄带物联网

窄带物联网是一种低功耗广域网络通信技术，是针对当前物联网快速发展的需要而提出的远距离无线传输的先进技术，其优势有低功耗、远距离，覆盖面极广、数据安全性高等。窄带物联网主要应用于小数据量、小速率，因此窄带物联网设备的功耗可以做到非常小，通常所用的电池具有 5～10 年的使用寿命。窄带物联网有低速率、低功耗、低带宽的特点，因此所需要的缓存小、设计要求低、算法简单，使窄带物联网芯片集成度高，成本也随之变低，目前需要使用的单个连接模块不超过 40 元。窄带物联网发展的主要推手是三大电信运营商及华为、联想、中兴等企业，它有效继承了 4G 网络的安全性，从而确保了用户数据的安全。在窄带物联网覆盖的海洋工程结构水上区域等位置，可使用窄带物联网技术构建无线监测网络。图 5-1 展示了窄带物联网监测节点工作模式。监测数据通过采集模块和微控制单元（Microcontroller Unit, MCU）进行数据采集和预处理后，由窄带物联网通信模块进行远距离数据传输至运营商基站，再传输至服务器端进行数据的后续分析和处理。

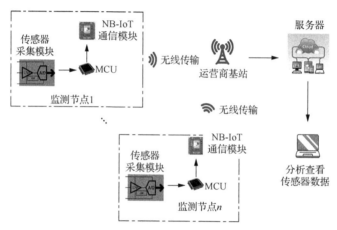

图 5-1　窄带物联网监测节点工作模式

2. 远距离无线电通信技术

远距离无线电通信技术是基于扩频技术的低功耗广域物联通信技术，具有传输距离长、传输功耗低的优点。远距离无线电通信技术目前大多依旧用于工业科学医学（Industrial Scientific Medical, ISM）频段，如 433MHz、868MHz、915MHz 频段等。与传统无线传输通信系统相比，远距离无线电通信技术能够在传输距离较长的同时，保持频移键控（Frequency Shift Keying, FSK）调制相同的低功耗性能。远距离无线电通信技术是第一个在民用商业中得到广泛应用的低成本通信技术。远距离无线电通常配备一个远距离无线电网关，用于汇集处理各个远距离无线电监测节点的监测数据，再由网关通过有线或无线的方式接入因特网中，与数据服务器进行通信。图 5-2 展示了远距离无线电监测节点工作模式。监测数据通过采集模块和微控制单元进行数据采集和预处理后，由远距离无线电通信模块进行远距离数据传输至远距离无线电网关，再传输至服务器端进行数据的后续分析和处理。

相较于窄带物联网，远距离无线电设备更适用于布放在网络无法覆盖的部位，如桥面下等因遮挡较多导致运营商信号较差、桥墩底部或传感器密集的位置等。远距离无线电工作在 ISM 频段，因此不需要额外的授权费用，并且远距离无线电通常使用星型网络拓扑，在传感器比较密集的区域使用远距离无线电通信技术相比于窄带物联网可有效降低成本。

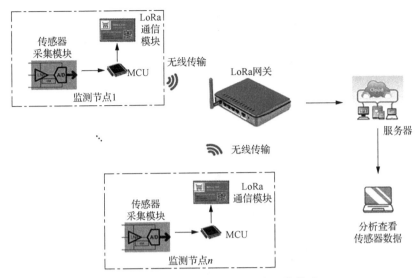

图 5-2　远距离无线电监测节点工作模式

3. 4G/5G 无线通信技术

高速率监测场景通常整合 4G/5G 无线通信技术，以完善组网架构。随着第五代移动通信技术（5G）进入商用阶段，为高速率、低延迟的无线物联网终端奠定了基础。通常情况下，可根据实地运营商的网络覆盖情况选择使用 4G 或 5G 进行高速率的无线监测终端设计。与窄带物联网相似，4G/5G 通信依赖于运营商基站覆盖，理论上国内运营商 4G 通信下行带宽为 100Mbit/s，上行带宽为 50Mbit/s，使用中实际带宽取决于信号强度与信道资源但通常不低于 20Mbit/s，因此一般可以满足使用需求。图 5-3 展示了 4G/5G 监测节点工作模式。监测数据通过采集模块和微控制单元进行数据采集和预处理后，由 4G/5G 通信模块进行远距离数据传输至运营商基站，再传输至服务器端进行数据的后续分析和处理。

基于上述三种低功耗广域物联技术，可形成多通信方式结合的无线物联网智能组网技术，可构建完整的无线物联网智能组网架构，如图 5-4 所示。无线物联网智能组网架构需要同时考虑无线传输技术、传感器节点布放疏密程度等因素，因此，将无线传感器节点分为密-中-疏三层级分布物联网智能组网架构。根据海洋工程结构致灾评价与预警系统的需求，将传感器节点按照密-中-疏三层级布放，稀疏密度部位的传感器组将数据定时发送给物联网节点，中等密度部位的传感器组将数据异步定时发送给物联网节点，密集部位的传感器组将数据实时发送给物联网节点，最后再由物联网节点发送给服务器数据中心。在该架构下，海洋工程结构在正常运行状态下的信息最优采集方法，对于监测系统的维稳与能耗优化方面有重要作用。当灾变发生时，海洋工程结构各部位的所有传感组均以最大扫描精度与频率进行信息采集，由于传感单元的芯片具有数据预处理、降噪功能，能够最大限度地减少基站节点接收数据量，降低基站节点通信压力。

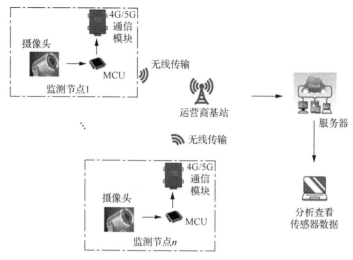

图 5-3　4G/5G 监测节点工作模式

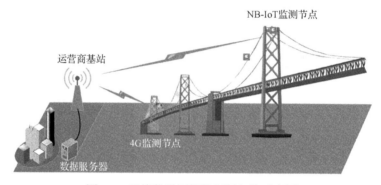

图 5-4　无线物联网智能组网架构示意图

5.1.4　无线传感器数据传输协议

在海洋土木工程领域，现场总线通信系统通常采用物理层、数据链路层、应用层的网络架构，串行通信设备控制系统常用的总线协议有 Modbus、Foundation 现场总线（Foundation Fieldbus, FF）协议、Profibus、控制器局域网（Controller Area Network, CAN）、HART（Highway Addressable Remote Transducer）等，各协议涉及和规定的网络层次有所不同。其中，除 Modbus 外其他几种协议的使用均需基于其物理层或数据链路层规范，而 Modbus 是一种常用的应用层协议，无须依赖底层接口。在数据采集与监视控制（Supervisory Control and Data Acquisition，SCADA）系统中，Modbus 通常用于监控计算机和远程终端控制系统。

Modbus 协议是主从架构的，须有一个主机，一个或多个从机，由主机发起单播或广播请求。Modbus 应用报文具体包括 Modbus RTU（Remote Terminal Unit）、Modbus ASCII（American Standard Code for Information Interchange）、Modbus TCP（Transmission Control Protocol）三类，其中 Modbus RTU 是最常用且在无线监测节点 STM32 上实现较为方便的。Modbus RTU 通常基于串口通信之上，它规定了报文（通信帧）的具体格式，如表 5-1 所示。

表 5-1　通信帧格式

功能	大小/字节	类型	备注
头部	5	String	自定义头部，用于快速定位包头，0x4f4345414e,字符串 OCEAN 的 16 进制表示
类型 ID	1	Byte	设备类型： 窄带物联网监测节点 0x01 远距离无线电监测节点 0x02 4G 监测节点 0x03
SN 号	2	Word	设备唯一 ID，最多支持 65536 个不同终端设备接入
上传频率	2	Word	终端上传频率（s），如 0x012C 表示 300s 上传一次
FUN 功能码	1	Byte	功能码
上/下行标识符	1	Byte	0：上行报文　1：下行报文
流水号	4	DWord	用于记录报文的流水号，每次通信流水号自增。如果服务器接收到同一个设备的 2 次流水号一样，可以丢弃，服务器主动下发给设备的流水号固定为 0
时间戳	4	DWord	Unix 时间戳，从 1970 年 1 月 1 日 0:0:0 到当前时间总秒数
正文长度	4	DWord	正文字节数
正文数据	N	—	1 字节类型+2/4/8 字节数据
校验码	2	Word	2 字节的 CRC16 校验

FUN 功能码指示当次报文为正常采集数据抑或是操作指令，FUN 功能码如表 5-2 所示。

表 5-2　FUN 功能码

功能码	发起者	接收者	具体功能
0x00	Node	Server	传感信息数据帧，传感器数据上行
0x01	Server	Node	要求立即监测节点读取传感器数据并返回，payload 中为希望读取的数据类型码
0x02	Server	Node	更改上传频率，payload 中为定时传输频率，如 0x012C 表示 300s 传输一次
0x03	Server	Node	更改触发阈值，如 0x01F4 表示监测数据达到 500 时触发连续采集模式
0x04	Node	Server	ACK 帧，ACK 内容在正文中，0x01 表示更改功能成功，0x00 表示失败（在更改定时传输频率/清洗频率、开关泵时会返回此帧）
0x05～0x0F	—	—	保留

在设计海洋工程结构智能监测系统时，在数据帧正文中预留了多种数据类型码，以供服务器判断终端上报的数据类型。在监测节点内部的单片机程序中，若该功能类型需要发送，则发送该数据类型码加数据给服务器。各数据类型码及指代参数如表 5-3 所示。

表 5-3　数据类型码及指代参数

数据类型码	指代参数	数据类型	示例（单位）
0x11	节点-内部电压	Float	12.0（V）
0x12	节点-内部温度	Float	28.5（℃）

数据类型码	指代参数	数据类型	示例（单位）
0x13	节点-经度	Double	116.519608392456（°）
0x14	节点-纬度	Double	39.9038863912169（°）
0x15	节点-Roll	Float	35.12354（°）
0x16	节点-Pitch	Float	35.1235（°）
0x17	节点-Yaw	Float	12.151（°）
0x18～0x1F	节点-Status 保留	—	—
0x21	节点-风速	Float	3.6（m/s）
0x22	节点-风向	Float	270（°）
0x23	节点-空气温度	Float	24.5（℃）
0x24	节点-空气湿度	Float	69.5（%RH）
0x25	节点-大气压力	Float	100.2（kPa）
0x26	节点-$PM_{2.5}$	Float	102（$\mu g/m^3$）
0x27	节点-PM_{10}	Float	105（$\mu g/m^3$）
0x28	节点-CO_2	Float	631（$\mu g/mL$）
0x29	节点-光照强度	Float	200（lx）
0x2A～0x2F	节点-气象保留	—	—
0x31	节点-振动	Float	542.3（mV）
0x32	节点-加速度	Float	3.6（LSB/g）
0x33	节点-位移	Float	45.5（mm）
0x34～0x3F	节点-运动保留	—	—

根据以上设计的无线传感器数据传输协议，无线监测终端与服务器均具备了高度的可扩展性，并可提升数据传输的可靠性，降低服务器处理压力。

5.1.5　基于窄带物联网的低功耗无线监测节点

基于窄带物联网的无线通信系统通常以 STM32 单片机芯片作为传输与控制中心，其中单片机芯片的主要功能为控制传感器传输，各模块电源控制，数据打包传输给窄带物联网通信模组，窄带物联网通信模组将数据传输至运营商基站，由基站接入因特网传输至服务器。表 5-4 汇总了窄带物联网的低功耗无线监测节点性能指标。

表 5-4　窄带物联网的低功耗无线监测节点性能指标

类别	参数指标	说明
产品尺寸	300mm×200mm×170mm	—
产品重量	1.6 kg	—
电源	内部供电 12V 20000mA·h	—
功耗与续航	发射电流：120mA 低功耗模式：<1mA 续航：最长 1 年以上	—

类别	参数指标	说明
通信距离	以运营商基站覆盖为准	—
运营商支持	中国移动/中国电信	—
连接类型	TCP/UDP	—
扩展接口	UART*1 RS485*1 I2C*1	可接入其他类型传感器进行功能扩展
ADC 增益	1X～128X	可对传感器输入模拟信号进行放大
ADC 功耗	<0.2μA	—

1. 监测节点控制核心

大多数无线监测终端的控制核心都是单片机，以 STM32 单片机芯片为例，其主要功能分为控制、通信、计算、检测四个部分。图 5-5 展示了 32 单片机的主要功能组成。

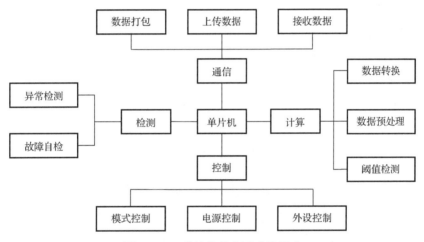

图 5-5　32 单片机的主要功能组成

控制部分包括模式控制、电源控制、外设控制等。模式控制为控制无线监测终端工作模式，主要包括低功耗模式、连续采集模式、间断采集模式等，应用于不同场景下无线终端的采集工作；电源控制为控制无线监测终端各模块电源，在低功耗与各工作模式之间控制不同模块的电源开闭；外设控制为控制如传感器、采集芯片的工作模式、数据采集等。以 STM32 单片机芯片为例，其监测节点控制核心的三种主要工作模式：低功耗模式，在无线监测节点不需要进行数据采集时，用户发送命令使其进入低功耗模式，此模式下监测节点功耗最低，等待用户唤醒进行正常采集工作；连续采集模式，在连续采集模式下，节点将以用户设定好的采样率进行采集，并将全部监测数据打包发送至服务器，此模式下系统功耗最高；间断采集模式，又称"阈值触发模式"，根据用户设定好的触发阈值，例如，遭遇恶劣天气导致传感器数值达到阈值时，节点将触发连续采集，此时节点将在一段时间内连续将传感器数据传回至服务器，此模式下系统功耗相对较低。

通信部分主要包括数据的正确收发。无线监测终端在数据上传前，单片机芯片根据设计的通信帧结构对上传数据进行打包，各种帧头可便于服务器进行解包，并加上校验码保证数据正确传输。上传数据为通过通信模块将数据上传至服务器。接收数据为接收服务器下发至通信模块的数据并进行解析。

计算部分中转换不同传感器采集的数据，并对采集数据进行一定的预处理，降低服务器计算压力，同时对数据转换后超出阈值的结果进行分析计算。

检测部分承接于计算中的阈值检测功能，分为无线监测终端内部故障自检与传感器异常检测，在无线监测终端内装有温湿度传感器与电压检测装置，可检测无线监测终端内部是否出现硬件故障，同时对于通信模块与传感器模块的故障有一定的检测能力，并将错误码发送至服务器。异常检测为搭载的传感器数值出现异常，此时可能是海洋工程结构物出现一定异常，无线监测终端通过在数据帧中添加异常警告信息向服务器报告此异常，由监测人员进行判断处理。

此外，无线监测终端还具有功能扩展接口，在无线监测节点内除可接入模拟传感器信号外，还具备功能扩展，用户可根据需求接入其他类型传感器完善监测节点的功能。

2. 窄带物联网模组

窄带物联网模组是低功耗无线监测节点的通信传输模块，其主要技术特点有低功耗、远距离、覆盖面极广、数据安全性高等。以 ME3616 为例，这是一款支持窄带物联网通信标准的窄带蜂窝物联网通信模组。在窄带物联网制式下，该模组可以提供最大 66kbit/s 上行速率和 34kbit/s 下行速率。ME3616 通信模组实物图如图 5-6 所示。

图 5-6　ME3616 通信模组实物图

在基于窄带物联网的无线监测节点中，单片机通过串口与窄带物联网模块进行通信，将采集的传感器振动信号发送至服务器。窄带物联网模块通过 TCP/IP 与服务器建立连接，即可向服务器上传数据并接收服务器下发的指令。窄带物联网模块的性能指标如表 5-5 所示。

表 5-5　窄带物联网模块的性能指标

功能	技术参数
工作电压	2.85~3.63V
网络协议	TCP/UDP/CoAP/MQTT
工作电流	正常模式发送电流 130mA
UART 接口	支持波特率 110~921600bit/s

3. 功耗测试与优化

通常情况下，低功耗无线监测节点由电池供电。供电布设完毕后，电池一般难以充电或进行更换。同时，无线传感器网络要求的工作时间较长，通常是几年甚至几十年，因此，提高能量效率以延长工作时间已成为无线传感器网络主要的设计原则之一。窄带物联网无线监测节点的功耗优化，可在 STM32 单片机的程序优化与电路元件的选型设计优化上开展[11]。其中在程序优化方面，可在软件程序设计中对多个接口进行低功耗处理，使得 STM32 芯片功耗在 2mW 以下。在选型设计优化方面，可在电路元件上选用低功耗元件，以降低系统功耗。

5.1.6　基于 4G/5G 的高速率监测节点

基于 4G 的高速率无线监测节点的主要功能模块与窄带物联网无线监测节点相似，控制核心都是微芯片系统。相比于窄带物联网，4G 模块具备高速率、低延迟的特点，同时支持三大运营商 4G 网络接入，因此在部署 4G 监测节点时，可以根据实地运营商基站的部署情况和信号强度灵活地选择运营商卡。同时 4G 模块支持网络透明传输功能（简称透传功能），串口数据可以直接传到网络端。以 USR-G771 型 4G 模块为例，介绍基于 4G 的高速率监测节点的功能。 USR-G771 型 4G 模块的主要参数如表 5-6 所示。

表 5-6　USR-G771 型 4G 模块的主要参数

基本参数	运营商支持	支持移动/联通 2G/LTE Cat-1 支持电信 LTE Cat-1
	电源	供电范围 9~36V
	工作电流	平均 21~50mA 最大：54mA（12V）
	SIM/USIM 卡	3V/1.8V SIM 卡槽，2FF 规格（传统大卡）
	UART 接口	支持 RS232 和 RS485，端子接口，波特率 1200~230400bit/s
	天线接口	SMA 外螺内孔
频段	TDD-LTE	Band 38/39/40/41
	FDD-LTE	Band 1/3/5/8
功率等级	TDD-LTE Band 38/39/40/41	+23dBm（Power class 3）
	FDD-LTE Band 1/3/5/8	+23dBm（Power class 3）

在实际使用中，经过配置好网络地址的 4G 模块，在透传模式下，由仪器中控机内的单片机将数据经 RS485 传给 4G 模块，4G 模块发送到服务器上。该 4G 模块接口图与实物图如图 5-7 所示。

图 5-7　4G 模块接口图与实物图

在硬件系统与服务器进行通信时，通过 TCP 建立连接。4G 模块作为 TCP Client，服务器作为 TCP Server，由服务器提供公网可访问的唯一的 TCP/IP 地址与端口号，在 4G 模块打开透传模式时，即可与服务器建立连接。其连接方式如图 5-8 所示。

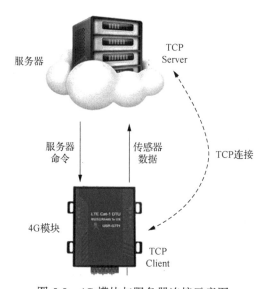

图 5-8　4G 模块与服务器连接示意图

5.2　监测数据实时分析处理与评估技术

监测数据处理是指使用适当的统计分析方法对海洋土木工程中的大量传感数据进行分析（即总结理解等）[12]。数据处理是对监测数据进行研究和概括以获得海洋土木工程健康状态的过程，主要可分为数据预处理、数据融合、模式识别、数据处理、数据可视化等阶段[13]。海洋工程结构监测数据常用的评价方法主要有层次分析法、模糊综合评价法、数据包络分析法等。本节主要讲述海洋工程结构海量监测数据实时分析处理过程，以及常见的监测数据评估技术。

海洋土木工程监测数据种类多、数据量大，传统数据分析技术无法满足监测需要，因此需要引入人工智能相关算法，实时分析处理海量监测数据。数据实时分析处理主要可分为数据预处理、数据融合、模式识别、数据处理和数据可视化五个部分。

5.2.1　数据预处理

海洋土木工程结构健康监测数据预处理的目的是提取被噪声等因素隐藏的有效数据，为进一步的数据分析提供依据[14]。数据预处理的主要功能是根据挖掘需求提取与监测目标相关的数据源，生成核心数据进行分析。数据预处理包括三个部分：噪声过滤、数据分类、数据评估[15]。其中，噪声过滤模块从大量数据中过滤环境噪声，提取对目标输出有重要影响的属性（即降低原始数据的维数），从而提高数据质量。数据分类模块基于海洋工程结构服役环境和工作条件，将生成的数据分为不同类别进行后续处理和分析。数据评估模块根据不同数据分类中的数据预处理任务，提取结构状态识别所参考的核心记录。

在海洋土木工程中，拉依达准则作为一种基于数学理论基础的统计学方法，在容量较大的监测数据样本的数据预处理中得到了广泛的应用。拉依达准则的主要思想是基于 3 倍标准差，置信概率为 99.7%，超出 3 倍标准差即为小概率事件，它可以被确定为异常值，也就是粗大误差，在数据预处理中进行剔除。之后再求出监测数据的均方差是否符合 3 倍标准差准则。如果不符合，继续剔除并重复，直到符合。通过前人对跨海斜拉桥 GPS 监测数据使用拉依达准则进行数据预处理方法的结果可知，处理监测数据中的异常数据效果明显，且操作简便易于使用。使用该准则的先决条件是所测数据样本非常大，因此对于采样频率高、采样时间长的健康监测数据，采用拉依达准则进行数据预处理的应用性和适用性非常广泛。

5.2.2　数据融合

数据融合指同时使用多通道或多传感器数据集，以获得更准确的分析结果。数据融合的常见理论包括贝叶斯理论、D-S 证据理论、卡尔曼滤波理论等[16]。其中，贝叶斯理论提供了假设在给定某些先验知识或观察结果的情况下成立的概率表达式，是多传感器信息融合的常用算法[17]。

在海洋土木工程中，研究人员使用卡尔曼滤波方法和最大似然估计，对英国亨伯大桥位移和加速度信号进行数据融合，验证了其对提高监测精度的有效性[18]。亨伯大桥实验结果表明，最大似然估计在精确确定卡尔曼滤波方法所需的测量信号的噪声参数方面是有效的。卡尔曼滤波方法和最大似然估计能有效地提高 GPS 定位精度，拓宽位移信号的频带宽度。与基于视觉的测量相比，应用数据融合后，GPS 测量的归一化均方根偏差从 3.17%降低到 2.37%。通过对不同时间采集数据的分析，清楚识别了 GPS 噪声的时间依赖性特征，标准偏差为 6～16mm。

5.2.3　模式识别

模式识别是海洋土木工程监测感知中数据处理的重要步骤，具体人工智能处理算法包括监督学习和无监督学习。根据所需的数据处理目标，人工智能算法可分为三类。第一类是异常监测。在此情况下，算法仅需展示出监测数据是处于正常状态还是预警状态，属于无监督学习的数据处理方法。第二类是分类。此情况下，算法的输出为离散的分类标签。算法可仅以其最基本形式，为特征分配"损伤"或"完好"标签。为更广泛地应用这种算法，须量化结构的损伤状态。即对定位来说，应将结构划分为带标签的子结构。此时，算法仅能定位到子结构，因此本质是连续参数的定位分辨率可能不可取，除非使用的标签非常多。当所需诊断为离散数据集时，如诊断损伤类型，就可选择此类算法。第三类是回归。此为有监督学习问题。此情况下，算法的输出为一个或多个连续变量。对定位来说，诊断可能是故障的笛卡儿坐标，而程度评估则可能是疲劳裂缝的长度。回归问题往往是非线性的，特别适用于神经网络，或其他机器学习方法算法。

Alamdari 等在 2017 年采用改进的 K 均值聚类方法，对悉尼港湾大桥千斤顶拱的损坏和失效进行监测[19]。这座桥有许多结构部件，研究人员的工作目标是确定 7 号行车道下的800 个千斤顶拱潜在的结构损坏或仪器问题，这些出现损坏的千斤顶拱对交通输入的反应不同。因此提出了一种使用基于来自千斤顶拱的测量响应的谱矩的谱驱动特征方法来实现这一目标。谱矩包含来自整个频率范围的信息，因此可以识别正常信号和失真信号之间的细微差异。将改进的 K 均值聚类方法应用于这些特征，然后对聚类结果进行选择机制，以识别具有异常响应的千斤顶拱。实验结果和数据表明该方法对悉尼港湾大桥千斤顶拱的损坏和失效的监测是有效的。

5.2.4　数据处理

海洋土木工程监测数据具有数量大、种类广、时效性强的特点，传统海洋工程结构维护管理技术无法有效分析处理如此复杂的监测数据。因此，研究人员一直在积极探索大数据分析方法，以实现海洋工程结构监测感知中的特征提取和模式识别。

大数据技术对海洋土木工程的快速监测主要是通过无人机来实现的，利用无人机可以在短时间内对受损结构周围拍摄成千上万张图像，为了使海洋土木工程受损后的救援评估更加准确，必须提高这些图像处理分析的速度。例如，地震或者其他自然灾害对海洋土木工程建筑结构造成破坏时，利用无人机对建筑破坏情况快速捕捉转化为图像信息，使用大数据技术对图像信息进行快速分析处理，从而可以准确地获得监测结果。同时，研究人员提出可以利用并行计算方法对建筑物受损前以及受损后的图像进行对比分析，以加快受损结构的监测。在此过程中，主要是对受灾前的坐标、海拔、区域范围等进行坐标转化和高程提取，生成地震前的结构物模拟图像，同时对受灾后利用无人机获取的图像进行连接测点、摄像机标定、准直线图像生成、半全局匹配、密集匹配等处理，生成地震后的数字地面模型，然后计算受灾前后数字地面模型的差值，得到结构物受灾前后的三维检测结果。地震造成的建筑结构物前后损坏研究结果表明，该方法的监测结果比普通方法快 11 倍。

5.2.5　数据可视化

数据可视化是展示海洋工程结构监测感知数据分析结果的主要手段，其目的是以图形方式清晰有效地显示监测分析信息。现阶段，数据可视化的问题是由于数据的多样性，难以可视化展示高维数据。平行坐标图（Parallel Coordinates Plot，PCP）是可视化高维多元数据的常用方法，其通过 n 个平行坐标轴将 n 维数据投影到二维空间，每个数据点在 PCP 中表示为线段，因此原始高维数据集可以在几何系统中表示。借助模式识别功能，平行坐标图可以呈现数据之间的相关性。然而，平行坐标图较难直观地表达多个不同维度之间的关联，可能会在实际应用中造成混淆。当需要长期记录数据时，时间序列是另一种有效的数据可视化方法。时间序列是按时间排序的随机变量，通常是在相同的时间间隔内以给定的采样率观察某一潜在过程的结果。然而，时间序列通常只显示时间和测量数据之间的关系，因此将时间序列与其他模型组合，数据可视化结果会更好。

Delgado 等在 2018 年提出了一种建筑信息模型（BIM）方法，以动态方式利用结构监测数据。该方法允许自动生成结构监测系统的参数 BIM，其中包括时间序列传感器数据，并且它能够在交互式 3D 环境中实现数据驱动和动态可视化[20]。该方法支持关键结构性能参数的动态可视化，允许数据的无缝更新和长期管理，并通过生成符合行业基础类（IFC）的模型来促进数据交换。为验证该数据可视化系统的准确性，在英国斯塔福德附近新建的一座桥梁配备了基于光纤传感器的集成监测系统，用于测试所开发方法的监测效果。案例研究表明，所开发的方法有助于进行更直观的数据解释，提供了一个用户友好的界面来与各利益方沟通，精确识别故障传感器，从而有助于评估监测系统的耐久性，并构成了强大的数据驱动资产管理工具的基础。此外，该研究强调了投资开发数据驱动和动态 BIM 环境的潜在好处。

5.3　常见的监测数据评估技术与方法

监测数据分析评估是实现海洋工程结构精准监测的最重要部分，常见的监测数据评估方法主要包括层次分析法、模糊综合评价法、数据包络分析法等。

5.3.1　层次分析法

层次分析法（AHP）常把与决策有关的要素分为目标、准则、方案，以此为基础进行定性分析和定量分析[21]。实际生活中人们常常会遇到一些决策问题，如选择旅游目的地、学校等。在做出决定前，决策者通常要把各种因素和标准考虑在内，最终做出决断[22]。在选择旅游目的地时，可以罗列出一系列地点，同时包括旅游费用、旅游目的地和景区环境、交通等因素，它们相互制约构成了一项复杂的决策系统。在这一系统中决策信息存在着很多无法量化的信息，需要将半定性半定量的问题转化为定量计算问题。在解决这些问题上，层次分析法是最有效的。层次分析法有复杂的分析与决策系统，可以通过这些系统来分析某一因素的重要性和关联度，进而为最终的决策提供科学、合理化的建议[23]。通过逐层梳理上下层之间的关系形成的层次分析法，重点要明确最终目标和下层因素间的关联度，进而确定各因素间的排序。层次分析法可被运用到针对涉及方案的技术经济进行分析的过程中，通常顶层和中层分别对应解决问题的目标及总目标、解决问题对应的中间环节（策略、约束、指南等）。此外还有很多环节和层次，但解决问题所采取的措施、方案、方法往往从最底层出发，在设计分析方案的总目标时也需要从方案中选出成本和能耗最低、最可行的解决方案。总而言之，最优方案的选择体现在最高层的目标中，而国家标准、导则、国家建设政策的要求对最高目标方案也提出了要求[24]。在海洋工程中，假设需要评估一个海洋风力发电场的浮式风力发电结构的监测数据，以确定其结构健康状况，层次分析法建立评估模型的步骤如下。

（1）确定目标：评估浮式风力发电结构的结构健康状况。

（2）确定准则：确定影响结构健康状况的准则，如垂直位移、倾斜度、应力水平等。

（3）构建层次结构：构建一个层次结构，将目标、准则和决策方案（监测点）组织起来。层次结构通常包括目标层、准则层和决策方案层。

（4）进行两两比较：对准则之间进行两两比较，确定其对结构健康状况评估的相对重要性。例如，通过评估专家的意见或领域知识，判断垂直位移的重要性是否比倾斜度更高。

（5）计算权重：使用层次分析法计算准则的权重。基于两两比较的结果，通过计算一致性指标和特征向量，得出每个准则的权重值。

（6）数据处理：对每个决策方案（监测点）的监测数据进行处理和分析。根据权重值，对不同准则的监测数据进行加权处理，可以使用统计方法、模型或演算法来分析数据。

（7）结果解释：根据数据处理和分析的结果，解释并评估浮式风力发电结构的健康状况。例如，结合垂直位移、倾斜度、应力水平等数据，判断是否存在结构异常，并评估结构的健康程度。

通过层次分析法，我们可以考虑不同准则的相对重要性，对海洋工程结构的监测数据进行处理和分析，以评估结构的健康状况。这样的分析有助于决策者理解结构的情况，并采取适当的措施来保证结构的安全、可靠性。

5.3.2　模糊综合评价法

模糊综合评价法是以模糊数学为主构成的评价方法，以模糊数学的隶属度理论为主体，将定性评价转化为定量评价后通过模糊数学对各种因素制约的对象和实物进行全面分析[25]。这种方法具有结果准确、系统完备的特点，能够提高较为复杂无法量化问题的解决效率，适用于多种非确定性的问题。根据模糊数学的基本理念，模糊综合评价法的主要参数包括评价因素、评价因子值、评价值、平均评价值、权重、加权平均评级值、综合评价值等。

评价因素可以是各种具体内容，取决于具体的评价对象和目标。通过判断评价因素的属性进行区分，其中一级评价因素主要有单项评价因子和一级评价因子（F1）。在一级评价因素的基础上，可以进一步划分出二级评价因素（F2）。三级考核因素（F3）往往通过二级考核因素来确定。评价因子的值可以通过设定评价因子的规定值来体现。评价因子的规定值是基于专家意见、经验或领域知识进行确定的,用于描述评价因子的不同水平或程度。评价值通过评价因素来区分优劣程度。通常在评价因子中,最优的评价值、次优评价因子的评价值分别为 1、大于等于 0 或小于等于 1(采用百分制时为 100 分),通过次优评价因子的评价值来判断次优程度,也就是 $0 \leqslant E \leqslant 1$($0 \leqslant$ 百分比制时 $E \leqslant 100$)。平均评价值是评标委员会所采取的主要方式,其中平均评分值为评标委员会全体成员评分总和除以评委人数。权重用来反映评价因素的地位和重要性,通常一级因素的权重之和与评价因子的下一级评价因子的权重之和均为 1。加权平均评价值用来反映评价对象在各个评价因子上的综合表现或得分。它是通过将评价因子的评价值与其相应的权重进行加权平均计算得出的。综合评价值是加权平均评价值之和构成的同级别的评价因素,采取上位评价的方式进行综合评价值的判断。

在海洋工程中,假设我们需要评估一个海洋工程结构物在不同环境条件下的安全性,其中评价因子包括海浪高度、海流速度以及结构物的稳定性。我们收集到了一些监测数据,包括海浪高度的模糊测量值、海流速度的模糊测量值以及结构物的稳定性的模糊评估值[26]。

首先,设定评价因子的规定值,即在每个因子上的评价范围。例如,海浪高度可以设定为"低"、"中"和"高"三个模糊规定值,对应的数值范围可以是 0~2m、2~5m 和 5~10m。海流速度可以设定为"弱"、"中"和"强"三个模糊规定值,对应的数值范围可以是 0~1kn、1~3kn 和 3~6kn。结构物的稳定性可以设定为"不稳定"、"基本稳定"和"很稳定"三个模糊规定值。

其次,将收集到的海洋工程监测数据转化为模糊值,考虑到测量的不确定性和模糊性。例如,海浪高度的模糊测量值可以是"中",海流速度的模糊测量值可以是"弱",结构物的稳定性的模糊评估值可以是"很稳定"。

再次,根据评价因子的规定值和测量值来进行模糊评价。通过模糊逻辑运算,将规定值与测量值进行匹配,得出各个评价因子的模糊评价值。例如,海浪高度的模糊评价可以是"中",海流速度的模糊评价可以是"弱",结构物的稳定性的模糊评价可以是"很稳定"。

最后,通过加权平均评价值对这些模糊评价值进行综合评价。为每个评价因子确定权重,反映其在整体评价中的重要性。然后,将各个评价因子的模糊评价值与其权重相乘,并将结果相加,得出综合的加权平均评价值。

通过这个综合的加权平均评价值,可以判断海洋工程结构物的安全性在不同环境条件下的综合表现。较高的评价值表示结构物的安全性较好,而较低的评价值则表示安全性有待改进。综上所述,模糊综合评价法可以帮助我们处理海洋工程监测数据,对海洋工程结构物的安全性进行综合评估,帮助决策者做出相应的决策和行动。

5.3.3　数据包络分析法

数据包络分析(Data Envelopment Analysis,DEA)法是一种用于评估相对效率的数学方法,在海洋工程中被广泛应用。数据包络分析法的核心思想是通过将多个输入变量和输出变量结合起来,评估各个决策单元(如海洋工程项目、海洋工程公司等)的相对效率,并找出最佳的效率前沿[27]。数据包络分析法建立评估模型的步骤如下。

（1）确定输入变量和输出变量：根据海洋工程项目的特点，确定评估所需的输入变量和输出变量。输入变量可以包括资源投入、人力成本等，输出变量可以包括产出、经济效益等。

（2）构建效率评价模型：根据选定的输入变量和输出变量，通过数学模型构建效率评价模型。最常用的是基于线性规划的 CCR 模型（Charnes-Cooper-Rhodes Model）和 BCC 模型（Banker-Charnes-Cooper Model）。

（3）收集数据并建立评价指标：收集各个决策单元的数据，并将其转换为所需的评价指标。

（4）进行相对效率评估：根据数据和评价模型，计算各个决策单元的相对效率，并得到它们在效率前沿上的位置。

（5）确定最佳效率前沿：根据相对效率评估结果，找出在效率前沿上的最佳效率单元，即具有最高效率的决策单元。

（6）进行效率提升分析：对于未达到最佳效率的决策单元，通过对其输入变量和输出变量的调整，分析如何提高其效率。

通过数据包络分析法，海洋工程教育者和决策者可以评估和比较不同决策单元之间的相对效率，并找出最佳的效率前沿。这将有助于优化资源分配、提高海洋工程项目的效率和经济效益，以及为决策提供参考依据。在海洋工程中，假设我们需要评估不同海洋工程结构物的相对效率，其中评估指标包括资源利用率和效益输出。我们收集到了一些海洋工程监测数据，包括不同结构物的资源利用率和效益输出的数值[28]。

首先，需要确定评估指标。在这个例子中，选择结构物的资源利用率作为输入变量，如材料用量、能源消耗等；效益输出作为输出变量，如建设成本、工程创收等。

其次，将收集到的海洋工程监测数据进行归一化处理，将其转化为相对单位，以消除不同单位之间的差异。

最后，可以构建基于线性规划的 CCR 模型或 BCC 模型来进行效率评估。这些模型将使用归一化后的数据，计算每个结构物的相对效率。

在数据包络分析法中，相对效率是通过比较各个结构物的输入-输出关系来确定的。较高的相对效率值表示结构物在资源利用和效益输出方面更有效率。通过数据包络分析法，可以确定最佳效率的结构物，即在效率前沿上的结构物。这些结构物代表着最佳的资源利用和效益输出平衡。对于未能达到最佳效率的结构物，可以通过分析效率评估结果，找到其低效的原因。例如，可能存在资源浪费或效益不足的情况。根据这些分析结果，我们可以提出改进建议，优化资源利用和效益输出，提高结构物的相对效率。综上所述，数据包络分析法可以帮助我们评估海洋工程结构物的相对效率，并为决策者提供优化资源利用和效益输出的建议。通过这种方法，可以提高海洋工程项目的效率和经济效益，以及优化资源分配和决策制定。

5.4　跨域全生命周期一体化监测感知系统

海洋土木工程中常涉及水上-水下-基础三部分结构。例如，大型跨海桥梁由上部结构、下部结构、支座、附属结构四部分组成，其中桥墩桩基深入海床基础，下部结构在水下，桥面和桥塔等在水上。海上钻井平台由钻井模块、船体模块、抬升模块三部分组成，其中钻井模块由各种作业机械组成；船体模块类似于驳船，用于承载机械和生活设施；抬升模块主要负责平台的升降，其核心部件桩腿深入海底。因此，跨域监测是实现海洋土木工程结构全生命周期一体化监测感知的关键。

跨域全生命周期一体化监测感知系统指综合运用浮标、水下传感装备、雷达等智能化设备，集水上-水下-基础跨域实时监测、数据采集、数据跟踪、智能组网、无线传输、智能处理、预警信息发布、决策支持、远程自动控制等功能于一体，实现海洋土木工程全时、全域在线监测和大数据分析，为海洋土木工程实时评价、预警报警提供数据支撑。本节将聚焦典型海洋工程结构，介绍海洋土木工程的典型水上-水下-基础跨域监测技术，总结全生命周期一体化监测感知系统的发展现状[29]。

5.4.1　水上-水下-基础跨域监测技术

近年来，为顺应数字化、智能化发展趋势，海洋土木工程领域除了对海洋工程结构失稳机理开展基础研究外，越来越多的研究人员将研究方向投入跨域无损监测技术。在传统海洋土木工程监测方法中，仅凭肉眼直接判断健康状态的方法直观简单，但是无法准确获悉海洋工程结构内部的损伤状态和微环境信息变化。因此，只有当海洋工程结构损伤发展到严重开裂或剥落程度时，才被认为发生损伤需要采取补修措施，这种信息的迟滞极大地增加了海洋工程结构的修复成本。同时采用破损采样检测法，势必对原承载结构造成不可逆的损坏[30]。近年来，基于不同监测机理的传感器设备相继研发并投入应用，跨域无损监测技术可在不损坏结构的前提下监测其内部健康状态，成为当前海洋土木工程监测感知的发展趋势[31]。

5.4.2　数字孪生技术

数字孪生作为信息物理系统融合领域的新技术，可以为海洋土木工程提供具有感知、分析、执行能力的数字孪生体，利用传感器、通信、物联网、互联网等技术手段，在设计、生产、管理、维护保养等方面实现智能运行或优化，保证海洋工程结构服役状况更加安全可靠。自 2015 年起，世界多国已针对大型海洋工程设施装备研发数字孪生技术。例如，2018年 10 月挪威国家石油公司与康士伯公司合作在北海投用了新建的无人平台 OSEBERG-H，该平台采用全无人化设计，每年仅需 1～2 次维护，成本预算下降 20%[32]。诺布尔钻井公司与通用电气公司合作建立了世界上第一艘数字化钻井船，减少了 20%的钻井运营支出[33]。西班牙雷普索尔公司利用人工智能技术，建立油藏类比模型，对油藏特征进行类比分析，提高油藏类比的可靠性与工作效率，通过北海油田试点，可采储量比迄今公布的最佳解决方案提高了 9%[34]。

近年来，我国研究人员在海洋工程结构数字孪生领域取得了许多标志性成果。国内赛瓦软件有限公司的海上风电数字孪生建设管理平台，关注建设项目生命周期管理与监控，以及建设过程规划与建设成果监控，为风电场建设了精细化的各类设备设施模型，融合地理、工程、设备等多源数据，构建海上风电场信息模型，搭建物联感知体系，实现了风电场地形地貌、设备设施结构、集控中心布局、运作的孪生。例如，在地理环境孪生层面，数字化复现了海域场景内的风场区域、重要地标（如观测站、岛屿、生态区等）、海况指标（实时气象、水文数据）、海域管制信息（区域、时段、内容）、管理单位的实时通报管理信息（渔政、海事及其他）。数字化实现了对重点区域及点位显示与查询，包括项目施工区域、海上作业污水排放区域及点位、作业垃圾处置点位等[35]。海上风机平台数字孪生体如图 5-9 所示。

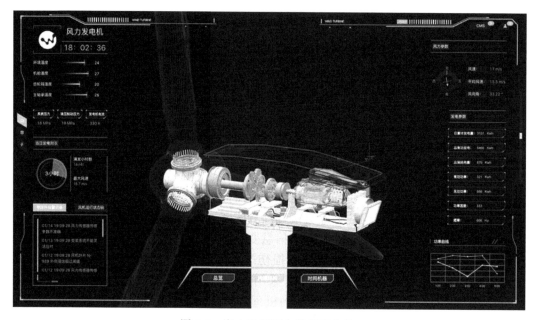

图 5-9　海上风机平台数字孪生体

5.4.3　数字仿真技术

近年来，数字仿真技术广泛应用于海洋土木工程的结构动力响应分析、结构变形与应力分析等方面，极大地降低了海洋工程结构可能灾变的发生，提高了监测效率与准确性。1963 年诞生了第一款商业仿真软件 MSC[36]。经过 60 多年的蓬勃发展，目前主流仿真分析软件主要基于有限元、有限差分、体积元等理论，其中用于海洋土木工程结构分析的软件主要包括 ANASYS、ABAQUS、MOSES 等。基于 MOSES 软件跨域浮托模拟和基于 HydroSTAR 水动力计算模型与波面的相互影响如图 5-10 所示。

近几年国内有些单位也开始致力于海洋工程仿真软件的开发实践工作，目前处于起步阶段。2018 年，海洋石油工程股份有限公司牵头完成海洋工程数字化技术中心的建设。海洋工程数字化技术中心自主研发出海洋环境水力动力学建模与实时解算技术、海洋工程装备运动建模、分布式实时仿真、虚拟现实仿真等关键技术，为海上吊装、海上浮托、水下生产设施安装等国内外海洋工程作业提供仿真方案预演与关键岗位人员模拟培训。同时还能够对设计建造、水下作业及应急维修等海洋工程作业的全过程完成仿真预演，构建起海洋土木工程跨域全生命周期监测的虚拟环境[37]。目前已经成功为重达 12800t 的文昌 9-2/9-3 中心平台上部组块的海上浮托安装提供了精细的仿真作业方案预演评估。

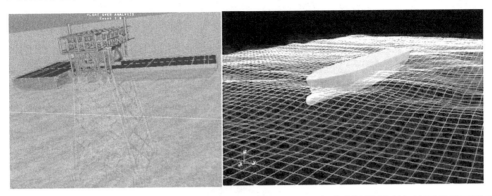

图 5-10　基于 MOSES 软件跨域浮托模拟和基于 HydroSTAR 水动力计算模型与波面的相互影响

5.4.4　全生命周期一体化监测感知预警系统

本节围绕我国"长三角"大湾区大型海工工程"舟岱大桥"，介绍本书作者团队研发的全生命周期一体化监测感知软件系统。舟岱大桥是中国浙江省舟山市境内连接定海区与岱山县的跨海通道，于 2021 年底建成通车。舟岱大桥位于灰鳖洋海域，是定海—岱山高速公路（浙高速 S6）的重要组成部分[38]。舟岱大桥南起烟墩互通，上跨灰鳖洋海域，北至双合互通，线路全长 28km，其中跨海段全长 16.347km，桥面为双向四车道高速公路，设计速度为 100km/h，项目总投资约 163 亿元[39]。舟岱大桥示意图如图 5-11 所示。

图 5-11　舟岱大桥示意图

1. 应激主动式传感器芯片系统

针对海洋工程结构安全诊断急需的主动式智能感应和监测技术，通过研究压电传感器感知反演海洋工程结构的应力、应变响应，研发环境机械能自采集转化电能技术实现芯片能量自供给，在传感器芯片中设计应激响应模块及灾变精准监测模块，研发多模块应激主动式无线传感器芯片，实现应激激发后对海洋工程动力响应的高频精准监测。使用 PZT 贴片对海洋工程结构振动情况进行监测，PZT 贴片将振动情况以模拟电压信号输出，因此使用了 NSA2300 信号采集芯片对振动模拟信号进行采集。NSA2300 信号采集芯片实物图如图 5-12 所示。NSA2300 是一种专为桥式传感器提供的高集成、低功耗、高精度的传感器信号采集、放大和校准的传感器接口芯片，包含一个低噪声仪表放大器（PGA）、一个低功耗 24bit ADC、一个用于数字校准的 DSP 和一个 12bit DAC。

图 5-12　NSA2300 信号采集芯片实物图

2. 传感器无线组网传输系统

根据海洋工程结构特征、监测需求与信号无线传输特点，研发基于 NB-IoT、4G/5G 的多传感器多部位无线物联网智能组网技术，研发基于海洋物联网的混合式监测数据无线传输技术，提出海洋工程结构海量监测数据的分析处理技术，实现对海洋工程结构响应的智能分析。根据舟岱大桥的实际情况，设计了无线物联网智能组网结构，研究了有线与无线结合的物联网智能组网技术，根据实际使用场景与项目指标要求，建立了窄带物联网、4G/5G 物联网组网协议，可实现窄带物联网、4G/5G 无线设备多节点异构网络接入。基于 Modbus 协议设计出了一套无线传感器节点数据传输协议，该数据传输协议开销小、效率高、可扩展性强、具备校验功能，可有效提升传感器数据传输与服务器数据处理效率。目前研制的基于窄带物联网的低功耗无线监测节点和基于 4G 的高速率无线监测节点均已经过实验室测试，窄带物联网无线监测节点已成功在舟岱大桥上开展了长期测试。基于窄带物联网的无线组网传输系统如图 5-13 所示。

3. 基于窄带物联网的低功耗无线监测节点

低功耗无线监测节点主要包括应变式传感器、监测数据采集芯片、微控制处理器、监测数据传输系统四个部分。目前已完成基于窄带物联网无线监测节点样机的研制与测试工作，该样机使用可充电锂电池供电，已完成多次实验室性能测试，样机现已布放在舟岱大桥现场进行实地测试。基于窄带物联网无线监测节点样机实物图和布放照片如图 5-14 所示。该无线监测节点现具备以下功能。

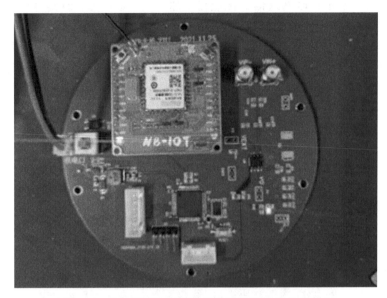

图 5-13　基于窄带物联网的无线组网传输系统实物图

图 5-14　基于窄带物联网无线监测节点样机实物图和布放照片

　　首先，阈值触发。由于监测节点电池能量有限，且大量无效数据将对服务器与监测节点造成负担，因此无线监测节点设置了阈值触发模式，在传感器采集数据达到阈值后，监测节点将进行 55Hz 的快速采集并将数据上传至服务器，服务器可下发命令更改阈值。其次，心跳包建立长连接。在未触发阈值时，无线监测节点每隔 1s 向服务器发送一次当前传感器数据，供服务器监控无线监测节点状态，同时可防止长时间未触发阈值与服务器断开连接[40]。最后，故障自诊断。由于无线监测节点布放于舟岱大桥实地，维护较为麻烦，因此在研制无线监测节点时增加了故障自诊断功能，主要针对窄带物联网通信模块与单片机程序进行故障诊断功能，并可在正常情况下自行进行故障处理、断线重连。

4. 基于 4G 的高速率无线监测节点

4G 通信相比于窄带物联网通信的优点在于速率高、延迟低，但相对功耗较高，适用于对通信速率要求较高的无线监测节点。在进行基于窄带物联网无线监测节点研制的过程中，对基于 4G 通信的振动监测节点开展了一定的研究。目前基于 4G 的高速率无线监测节点已在舟山市嵊泗海域开展了两个月的测试实验，基于 4G 的高速率无线监测节点如图 5-15 所示，测试实验期间节点工作稳定，可实时传回监测数据。

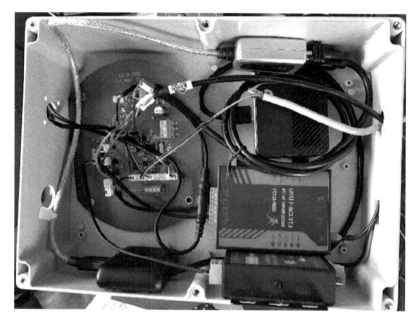

图 5-15　基于 4G 的高速率无线监测节点

5. 全生命周期一体化监测感知软件系统

基于海洋工程致灾机理与结构动力响应监测感知技术，研发海洋工程结构灾变演化分析模型，建立致灾与防灾减灾评价体系，研发拥有自主知识产权的灾变评估预警系统，实现海洋工程全生命周期精准健康监测。基于应激主动式自能量无线传感器芯片与灾变实时评估预警系统，研发软硬件一体化海洋工程智能监测感知设备，在浙江省甬舟北向大通道的大型跨海桥梁海洋工程中开展业务化示范应用。监测感知软件系统，就是将海洋土木工程的海量监测数据进行筛选、精准分析，并以各种可视化图表为载体进行视觉呈现，能够起到帮助人们辅助决策的作用[41]。

以"海洋工程智能监测感知预警系统"界面为例，讲述监测感知软件系统的组成部分和功能。海洋工程智能监测感知预警系统如图 5-16 所示。首先，海洋工程智能监测感知预警系统的监测对象为舟岱大桥南通航孔桥，包括视频监控系统、车辆称重系统、桥墩监测、主跨跨中监测、拉索监测五部分，这是根据跨海桥梁在自然服役状态下容易受到损伤，需要密切监控的部位所决定的。此外，监测感知预警系统还包括车辆监测，包括车辆类型、速度、数目等参数，环境监测，如降雨量、风速、温度等物理量，其需要多种传感器相互配合，从而实现多参数、多角度的监测预警。

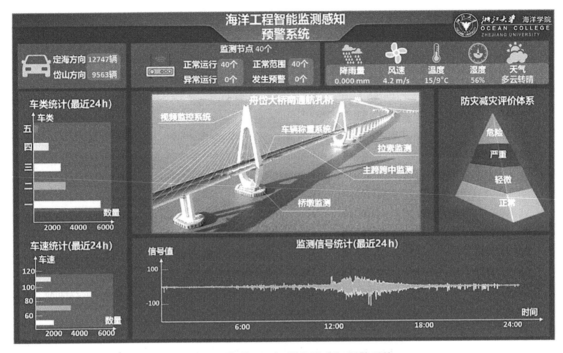

图 5-16　海洋工程智能监测感知预警系统

在完成监测和数据传输后，防灾减灾评价体系是必不可少的环节，这也是整个监测感知预警系统的核心。防灾减灾评价体系通常使用金字塔分级的形式，这有助于帮助决策者更直观清晰地得出海洋土木工程被监测物体当前的状态，并针对异常指标进行及时的修正和处理，从而保障海洋土木工程的正常服役。

5.5　本 章 小 结

本章重点介绍了智能监测感知传感器组网监测技术、监测数据实时分析处理与评估技术、跨域全生命周期一体化监测感知系统三部分内容。其中，第一部分重点介绍了智能监测感知传感器组网监测技术，利用先进传感技术对海洋土木工程中的物理变化进行及时、准确的监测过程，主要包括可以准确获取海洋土木工程服役状态的硬件监测设备。第二部分重点介绍了监测数据实时分析处理与评估技术，讨论了海洋工程结构海量监测数据实时分析处理过程，以及常见的监测数据评估技术。第三部分重点介绍了跨域全生命周期一体化监测感知系统，主要包括水上-水下-基础一体化监测感知预警平台，并以本书作者团队自主研发的全生命周期一体化监测感知软件为例，展示海洋工程跨海桥梁的监测感知系统。本章以海洋智能土木工程监测感知技术为核心，三部分内容层层递进，系统讲述了海洋智能土木工程的软硬件监测设备及其在海洋工程中的应用，为充分理解海洋智能土木工程监测感知技术提供了重要的技术支撑和指导。

参 考 文 献

[1] RODRIGUES C, CAVADAS F, FÉLIX C, et al. FBG based strain monitoring in the rehabilitation of a centenary metallic bridge[J]. Engineering structures, 2012, 44: 281-290.

[2] ABDULKAREM M, SAMSUDIN K, ROKHANI F Z, et al. Wireless sensor network for structural health monitoring: a contemporary review of technologies, challenges, and future direction[J]. Structural health monitoring, 2020, 19(3): 693-735.

[3] IM S B, HURLEBAUS S, KANG Y J. Summary review of GPS technology for structural health monitoring[J]. Journal of structural engineering, 2013, 139(10): 1653-1664.

[4] YE X W, SU Y H, HAN J P. Structural health monitoring of civil infrastructure using optical fiber sensing technology: a comprehensive review[J]. The scientific world journal, 2014: 652329.

[5] ENCKELL M, GLISIC B, MYRVOLL F, et al. Evaluation of a large-scale bridge strain, temperature and crack monitoring with distributed fibre optic sensors[J]. Journal of civil structural health monitoring, 2011, 1(1): 37-46.

[6] QIU Y, WANG Q B, ZHAO H T, et al. Review on composite structural health monitoring based on fiber Bragg grating sensing principle[J]. Journal of Shanghai Jiaotong University (Science),2013, 18(2): 129-139.

[7] AI D M, ZHU H P, LUO H, et al. Mechanical impedance based embedded piezoelectric transducer for reinforced concrete structural impact damage detection: a comparative study[J]. Construction and building materials,2018, 165: 472-483.

[8] ANNAMDAS V G M, RADHIKA M A. Electromechanical impedance of piezoelectric transducers for monitoring metallic and non-metallic structures: a review of wired, wireless and energy harvesting methods[J]. Journal of intelligent material systems and structures, 2013, 24(9): 1021-1042.

[9] GE L C, LIU X Y, FENG H C, et al. The interaction between microwave and coal: a discussion on the state-of-the-art[J]. Fuel, 2022, 314: 123140.

[10] 尹钟舒, 洛向刚, 杨成, 等. 物联网（IoT）：国内现状和国家标准综述[J]. 网络安全技术与应用,2022(9): 108-111.

[11] 张浩凌, 崔娟, 郑永秋, 等. 基于低功耗策略的自供电无线状态监测系统研究[J]. 传感技术学报, 2022, 35(3): 412-418.

[12] ZHOU H F, NI Y Q, KO J M. Structural health monitoring of the Jiangyin Bridge: system upgrade and data analysis[J].Smart structures and systems, 2013,11:637-662.

[13] SUN L M, SHANG Z Q, XIA Y. Development and prospect of bridge structural health monitoring in the context of big data[J]. China journal of highway and transport, 2019,32(11): 1-20.

[14] GARCÍA S, RAMÍREZ-GALLEGO S, LUENGO J, et al. Big data preprocessing: methods and prospects[J].Big data analytics, 2016, 1(1): 9.

[15] LÓPEZ V, FERNÁNDEZ A, GARCÍA S, et al. An insight into classification with imbalanced data: empirical results and current trends on using data intrinsic characteristics[J]. Information sciences, 2013, 250:113-141.

[16] KHALEGHI B, KHAMIS A, KARRAY F O, et al. Multisensor data fusion: a review of the state-of-the-art[J]. Information fusion, 2013,14: 28-44.

[17] NTOTSIOS E, PAPADIMITRIOU C, PANETSOS P, et al. Bridge health monitoring system based on vibration measurements[J]. Bulletin of earthquake engineering, 2009,7:469-483.

[18] XU Y, BROWNJOHN J M W, HESTER D, et al. Long-span bridges: enhanced data fusion of GPS displacement and deck accelerations[J]. Engineering structures, 2017,147:639-651.

[19] ALAMDARI M M, RAKOTOARIVELO T, KHOA N L D. A spectral-based clustering for structural health monitoring of the Sydney Harbour Bridge[J]. Mechanical systems and signal processing, 2017,87: 384-400.

[20] DELGADO J M D, BUTLER L J, BRILAKIS I, et al. Structural performance monitoring using a dynamic data-driven BIM environment[J]. Journal of computing in civil engineering, 2018,32 (3): 04018009.

[21] 马子媛, 李海莲, 蔺望东. 基于层次变权未确知理论的沥青路面预养护评价模型[J]. 合肥工业大学学报(自然科学版),2021, 44(12): 1668-1675.

[22] 张可, 刘思敏, 张政, 等. 基于决策者感知 LeaderRank 算法的复杂工程支配网络项目排序研究[J]. 工程管理学报, 2023, 37(1): 90-95.

[23] 安博文, 黄寰. 考虑时间特征的客观 AHP 判断矩阵构造方法[J].数量经济技术经济研究, 2022, 39(6): 161-181.

[24] 李欣芸, 刘慧, 柯向阳. 基于层次分析法的海洋工程施工合同风险评估研究[J]. 上海交通大学学报, 2017, 51(2): 157-163.

[25] 刘冬梅, 王明玉. 海洋工程建设环境影响评价的模糊综合评价方法研究[J]. 水道港口, 2018, 39(3): 39-43.

[26] 王婧, 靳春玲, 贡力, 等. 基于可变模糊集理论的铁路隧道塌方风险评价[J]. 铁道科学与工程学报, 2021, 18(5): 1364-1372.

[27] 邓蓉晖, 夏清东, 王威. 基于超效率 DEA 的建筑企业生产效率实证研究[J]. 工程管理学报, 2012, 26(6): 110-114.

[28] FUKUYAMA H, MATOUSEK R, TZEREMES N G. Estimating the degree of firms' input market power via data envelopment analysis: evidence from the global biotechnology and pharmaceutical industry[J]. European journal of operational research, 2023, 305(2): 946-960.

[29] 吴海颖, 朱鸿鹄, 朱宝, 等. 基于分布式光纤传感的地下管线监测研究综述[J]. 浙江大学学报(工学版), 2019, 53(6): 1057-1070.

[30] 张艳阳, 王海英, 贺阳阳. 破损采样检测法在冷凝管道泄漏检测中的应用[J]. 热能工程, 2020, 35(5): 1-6.

[31] 张建民, 李忠宏. 土木工程结构监测技术的研究进展[J]. 检测技术与仪器, 2019, 40(6): 1-9.

[32] 魏剑, 何新, 李林泽. 基于跨国企业专利信息的智能船舶发展热点及趋势研究[J]. 中国发明与专利, 2021, 18(7): 21-28.

[33] OZOLINS J, 吴亦宁. 通用电气运输公司 Tier 4 船用柴油机的开发[J]. 国外铁道机车与动车, 2020 (1): 27-32.

[34] 刘文岭, 韩大匡. 数字孪生油气藏: 智慧油气田建设的新方向[J]. 石油学报, 2022, 43(10): 1450-1461.

[35] 金飞, 叶晓冬, 马斐, 等. 海上风电工程全生命周期数字孪生解决方案[J]. 水利规划与设计, 2021 (10): 135-139.

[36] 王小宁, 崔志敏. MSC 对船舶和海洋工程 CAE 仿真解决方案[J]. 中国造船, 2000, 41(1): 82-86.

[37] 肖立龙, 朱江, 陈晓娟. 土木工程结构监测技术在桥梁监测中的应用[J]. 铁路标准设计, 2019, 85(4): 102-106.

[38] 王通, 郭书峰, 高昱鹏, 等. 舟岱跨海大桥钢桥面铺装设计及工程应用[J]. 建筑经济, 2022, 43(S1): 447-451.

[39] 张敏, 雷栋, 张金福. 舟岱跨海大桥钢箱梁支架设计与施工[J]. 施工技术, 2020, 49(15): 38-40,60.

[40] 陈栋, 唐阔, 杨建英. 基于心跳包的 TCP 长连接保活机制分析[J]. 网络与信息安全学报, 2019, 5(3): 37-42.

[41] 朱峰伟, 范玉玲, 陈渝. 基于云计算的路网运行监测感知软件系统研究[J]. 电子设计工程, 2019, 27(7): 175-178.

第6章　海洋智能土木工程展望与愿景

本章重点介绍海洋土木工程技术瓶颈与发展趋势、数据时代海洋土木工程信息智能化、海洋智能土木工程与智慧海洋三部分内容。其中，第一部分重点介绍海洋土木工程中常见传感器、数据传输技术、数据处理技术的技术瓶颈与发展趋势，同时介绍海洋土木工程新能源技术与海洋土木工程材料的发展趋势。第二部分重点介绍海洋信息采集传感器、海洋立体传感器网络与数据实时分析处理系统。第三部分重点介绍海洋智能土木工程与智慧海洋。

6.1　监测传感器、数据传输与处理技术的技术瓶颈与发展趋势

本书4.1～4.3节介绍了常见的监测感知传感器及其海洋工程结构监测感知应用。本节针对海洋土木工程中的常见传感器，从应变传感器、位移传感器、加速度传感器三个方面，重点阐述海洋土木工程常见传感器的技术瓶颈与发展趋势。海洋土木工程中常见传感器的技术瓶颈如图6-1所示。海洋土木工程中常见传感器的发展趋势如图6-2所示。

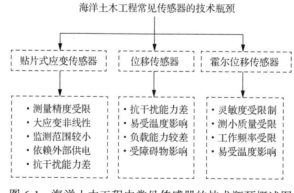

图 6-1　海洋土木工程中常见传感器的技术瓶颈概述图

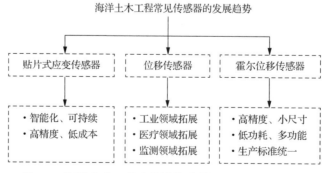

图 6-2　海洋土木工程中常见传感器的发展趋势概述图

6.1.1 常见监测传感器技术的技术瓶颈

1. 应变传感器的技术瓶颈

应变传感器是一种小型、灵敏、便于安装的传感器，它利用物理原理（如应变效应、热效应等）将附着的海洋工程结构物理量（如结构形变、位移、压力等）转换为电信号，并通过电路记录、处理和传输。应变传感器一般由基底、敏感栅、盖片、引线等组成，具有结构简单、体积小、价格低等优点。然而，应变传感器存在以下技术瓶颈[1]。

（1）在测量精度方面，因为传感器结构形式和敏感元件材料的单一选择，限制了传感器精度的提高。

（2）在测量结果方面，目前的应变压力传感器难以阵列化，且排列密度较低，在测量大应变时，测量结果具有明显的非线性，半导体应变式器件尤为明显。

（3）在监测目标方面，由于传感器的监测特性，其用于测量机械变形时只能测出应变片周围的平均应变，不能得到整个应力场中应力梯度的变化趋势，因此常用于监测小范围的机械变形。

（4）在电源供应方面，传感器芯片系统需要稳定的外部电源供电。

（5）在抗干扰方面，由于传感器输出信号较弱，抗干扰能力一般，例如，对微小信号进行监测时需要采取干扰信号过滤措施。

总体而言，应变传感器的技术优势和局限性都比较明显，通过不断改进技术，可以实现对海洋工程结构更加准确、可靠地监测，未来在海洋土木工程领域具有广阔的应用前景。

2. 位移传感器的技术瓶颈

位移传感器是一种将结构的位移转换为与之有函数关系的电信号的装置，具有精确度高、响应速度快、灵敏度高等优势。位移传感器根据工作原理可分为激光型、电容型、霍尔型、超声波型等[2]。然而，不同类型的位移传感器均具有一定的技术瓶颈。

（1）电阻应变式位移传感器利用弹性敏感元件将杆件位移转换为与之线性相关的传感器测量信号。其精度高、结构简单，但其输出信号较弱，容易受到外界环境的干扰，同时对大变形有明显的非线性，适用于小变形的应用场景。

（2）激光位移传感器是通过激光技术测量结构位移的器件，适用于高精度测量的应用场景。然而，激光发生装置易受到环境中灰尘和异物的干扰，影响所测结果的精确性，此外激光头属于高敏感的电子元器件，易受外界环境温度的影响。

（3）电容式位移传感器是基于平板原理将位移转化为电容变化的器件，结构简单、温度稳定性好。然而，电容式位移传感器的负载能力较差，容易受到外部电信号的干扰和分布参数的影响，此外由于结构和尺寸的限制，其量程通常比较小，一般只有几十毫米。

（4）霍尔位移传感器是利用霍尔效应进行位移测量的器件，反应速度快、输出变化大、灵敏度高，适用于动态位移测试。然而，霍尔位移传感器的互换性差，易受外界环境温度的影响，输出信号具有明显的非线性，需要借助单片机进行温度校正。

（5）超声波位移传感器是基于超声波测距原理测量位移的器件，具有穿透能力强等特点。然而，超声波的发生和接收容易受到障碍物的干扰，导致测量结果不准确，此外余振和发射的信号都会干扰或抵消回波信号。因此当距离小于特定值时,测量结果会变得不准确。

总体而言,尽管位移传感器存在一些技术局限性,但通过持续的技术改进和创新,这些局限性可以得到克服。未来的海洋土木工程中,位移传感器将发挥重要作用,可以实现更加准确、可靠的监测,以推动海洋土木工程的发展和进步。

3. 加速度传感器的技术瓶颈

加速度传感器是一种用于测量海洋工程结构加速度的器件,通过牛顿第二定律将物体在变速运动中受到的惯性力转化为加速度,有良好的抗干扰性和高可靠性。然而,加速度传感器存在以下技术瓶颈。

(1)在测量灵敏度方面,灵敏度高的加速度传感器受电磁波干扰产生的噪声和静电感应产生的噪声较小,但提高灵敏度需要在内部安装更大的质量块,导致整体质量增大、共振频率下降。

(2)在质量方面,若加速度传感器的动态质量与被测量的海洋工程结构构件接近,则会造成测量结果失真,因此在测量微小物体的加速度方面具有一定的局限性。

(3)在谐振频率方面,若被测量的海洋工程结构构件的频率接近加速度传感器的振动频率,则传感器灵敏度会急剧上升,导致测量结果失真,因此其工作谐振频率应在规定的频段内[3]。

(4)在温度灵敏度方面,加速度传感器对环境温度敏感,其输出性能易受外界温度的干扰,测量误差随外界温度的升高而增大,因此进行精确测量需要进行温度补偿分析。

总体而言,尽管加速度传感器存在一些技术上的限制,但其仍在海洋土木工程领域发挥着关键作用。随着传感技术的不断进步,加速度传感器将变得更加精确、可靠和智能化,在海洋土木工程领域中发挥着越来越重要的作用。

6.1.2 常见监测传感器技术的发展趋势

1. 应变传感器

围绕前述技术瓶颈,应变传感器的未来发展趋势主要包括智能化、高可持续稳定性、高精度、低成本等。其中,智能化指应变传感器通过物联网(IoT)、数据分析、人工智能(AI)和自动化控制等技术,在智能化方面提升,实现自动监测、数据分析和预测。高可持续稳定性指应变传感器通过生产材料优化、制备工艺改进等技术,使得整体性能更加可持续、更稳定,材料和生产工艺更加环保,且具有更长的使用寿命。高精度指应变传感器通过精密加工装配、结构性能优化等技术,在精度和稳定性方面得到提升,满足工业和科学研究的需求。低成本指应变传感器通过多功能集成、材料成本控制等技术,更加经济实惠,成本更低,更易于广泛普及。

总体而言,随着科技的不断进步,应变传感器的未来发展趋势将更加明朗,在各个领域的应用将更加广泛。

2. 位移传感器

围绕前述技术瓶颈，位移传感器的未来发展趋势包括在工程监测、工业生产等多个领域的应用[4]。其中，在工程监测领域，随着位移传感器的智能化水平不断提高，其对外部环境的响应速度和精确度将极大提升，可被应用于各种实时监测系统，如监测地震活动、监测环境变化等。在工业生产领域，位移传感器将拥有更高的精度和稳定性，可以更准确地测量物体的位置和位移，与其他传感器和技术结合可实现更广泛的应用。

总体而言，位移传感器的未来发展趋势将非常广泛，涵盖监测、工业等多个领域，其技术突破将带来更高效率的生产和更大的便利。

3. 加速度传感器

围绕前述技术瓶颈，加速度传感器的未来发展趋势主要包括更高精度与更小尺寸、更低功耗与更多功能、更广泛应用与更统一标准、更高效数据传输等。其中，更高精度与更小尺寸指加速度传感器通过微机电系统（MEMS）技术，有效提高监测精度，同时体积更小、更轻、更方便使用。更低功耗与更多功能指加速度传感器通过集成电路技术，有效降低系统功耗，更节能环保，同时兼容更多数据接口，方便连接其他设备实现更多功能。更广泛应用与更统一标准指加速度传感器通过通信协议标准化技术，在智能家居、医疗、运动健身、航空等更多领域得到广泛应用，同时监测标准更加统一，更方便用户使用。更高效数据传输指加速度传感器通过物联网（IoT）与云平台技术，实现数据传输无线化，使得远程监测和数据传输使用更加方便和灵活。

总体而言，加速度传感器的未来将更加精确、实用和方便。随着技术的不断提高，加速度传感器将在越来越多的领域得到广泛应用，成为物联网、工业自动化、智能化等领域不可或缺的一部分。

6.1.3　常见数据传输技术的技术瓶颈

本书 5.1 节介绍了海洋土木工程智能监测感知传感器组网监测技术。本节针对监测感知技术中的数据传输技术，从有线传输技术、无线传输技术两个方面重点阐述数据传输技术的技术瓶颈与发展趋势。数据传输技术的技术瓶颈如图 6-3 所示。数据传输技术的发展趋势如图 6-4 所示。

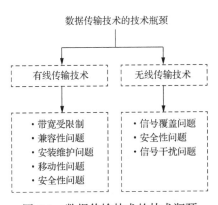

图 6-3　数据传输技术的技术瓶颈

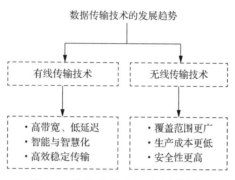

图 6-4 数据传输技术的发展趋势

1. 有线传输技术的技术瓶颈

有线传输技术是指通过固定电缆或光缆传输数据的技术，它是一种可靠、安全、高速的数据传输方式，广泛应用于家庭网络、办公网络和大型数据中心等。尽管有线传输技术具有高可靠性、高速率的特点，仍然存在如下技术瓶颈。

（1）带宽受限制：有线传输线的带宽是有限的，导致数据传输速率是有限的，可能受到线路长度、电磁干扰、信号丢失等诸多因素影响。尤其随着近年来虚拟现实和增强现实技术的发展，对高速数据传输的需求不断增加。

（2）兼容性问题：有线传输技术在不同设备间存在兼容性问题，导致数据传输的障碍。例如，不同生产商的设备可能使用不同数据传输标准，导致不同设备间数据传输存在障碍。

（3）安装维护问题：有线传输技术的线路需要安装在物理环境中，安装过程通常困难，需要熟练的技术人员和专门的设备。此外，由于线缆容易损坏，线路中断可能导致数据传输失败。线缆故障是不可避免的，尤其是在环境恶劣的情况下线缆故障可能会更加严重。

（4）移动性问题：有线传输技术依赖于固定线路，对移动设备的支持非常有限。例如，移动设备在移动过程中，可能无法继续使用有线网络。

（5）安全性问题：有线传输技术存在安全性问题，数据在传输过程中可能遭受攻击，因此需要采用加密、防火墙等安全措施保护数据安全[5]。

总体而言，有线传输技术具有广泛的应用前景，但需要不断提高技术水平，解决当前技术瓶颈，以满足海洋工程结构监测数据的传输需求。

2. 无线传输技术的技术瓶颈

无线传输技术是指通过空间电磁波传输数据的技术，它具有方便、灵活、不受地理环境限制等优点，可以实现多无线设备实时互联[6]。然而，无线传输技术仍然存在如下技术瓶颈。

（1）信号覆盖问题：在城市区域或建筑物内受到障碍物影响，信号强度和质量往往受到严重影响。通过改进设备设计和网络布局，可以解决这一问题。

（2）安全性问题：由于无线信号不需要物理连接，它很容易受到攻击和干扰。因此，可采取加密和身份验证等技术提高无线传输技术的安全性。

（3）信号干扰问题：由于无线信号频率范围广泛，很容易受到微波炉、无线视频监控系统等其他设备的干扰。因此，需要研发新的抗干扰和降噪技术，保证无线通信的稳定性和可靠性。

总体而言，无线传输技术在方便、灵活性等方面具有明显的优势，但是它仍需要克服一些技术瓶颈，确保更加安全、高效、可靠地传输数据，实现更加广泛高效的应用。

6.1.4　常见数据传输技术的发展趋势

1. 有线传输技术

围绕前述技术瓶颈，有线传输技术的未来发展趋势主要包括光纤技术、智能网络技术、物联网和工业 4.0 技术。其中，光纤技术在有线传输领域的应用将越来越广泛。光纤电缆提供了高带宽和低延迟的传输介质，随着数据流量的增加光纤技术的应用将进一步扩大，提高数据传输的速度和效率。智能网络技术将在有线传输领域发挥重要作用。智能网络将提供更强大的网络管理功能，帮助用户控制网络资源提高网络效率，同时智能网络还能协助用户预测和处理网络故障，提高网络的可靠性。物联网和工业 4.0 技术与有线传输技术的结合，可以实现设备之间的可靠连接、数据高速传输以及数据的安全保护。物联网和工业 4.0 技术对有线传输技术未来的发展起着关键作用，为数据智能化与自动化生产的实现提供了坚实的基础。

总体而言，在数字化转型的大背景下有线传输技术将不断发展，与其他领域的技术紧密结合，适应不断变化的市场需求、满足用户需求。

2. 无线传输技术

围绕前述技术瓶颈，无线传输技术的未来发展趋势主要包括数据无线传输速度、覆盖范围、成本与应用范围、安全性、操作难易程度等。其中，数据无线传输速度随着 5G 技术的普及将会更高。未来无线传输技术将不断改善数据传输速度，更好地满足用户对数据高速传输的需求[7]。数据无线传输的覆盖范围将会更广。通过更多的基站建设，无线传输技术将覆盖更多的地理区域，更好地满足用户的需求。无线传输技术还将降低成本、扩大应用范围。随着无线通信技术的不断提高和产业规模的逐渐扩大，市场竞争力将极大提高而生产成本随之降低，进一步促进其应用范围的扩展[8]。数据无线传输的安全性将不断提高。随着网络攻击和数据泄露的加剧，无线传输技术将通过加密技术等提高数据传输的安全性。无线传输技术将不断简化使用方式。通过智能语音交互和更加人性化的界面设计，无线传输技术将不要求专业技能即可轻松操作。

总体而言，无线传输技术的未来发展趋势是不断提高传输效率、降低成本、扩大应用领域、提高安全性，成为数字社会中不可或缺的重要信息技术。

6.1.5　常见数据处理技术的技术瓶颈

本书 5.2 节中介绍了海洋土木工程中监测数据实时分析处理与评估技术。本节针对数据处理技术，阐述其技术瓶颈与发展趋势。随着计算机技术的发展应用，在海洋土木工程中各类数据繁杂，从设计施工到运维阶段，每个环节都产生大量的信息[9]。将先进的数据处理技术融入海洋工程结构建设中，搭建数据库平台评估建造成本、管理建设进度、监测服役状况，可以全生命周期地提高海洋工程结构建造运维效率。然而，数据处理技术仍然存在以下技术瓶颈。

（1）数据存储技术瓶颈。随着海洋工程结构建造运维过程中数据量的不断增加，传统的数据存储技术（如关系型数据库），已经无法满足数据存储的需求。分布式存储系统等新的存储技术虽已出现，但仍需要提高存储性能和可靠性。

（2）数据标准化与整合技术瓶颈。因为数据来源多样、数据格式不一致，数据标准化与整合愈发困难。因此，在标准化和整合数据的同时保证数据质量和完整性，是数据处理技术需要解决的重要问题。

（3）数据分析技术瓶颈。数据分析是数据处理的核心部分，但它面临着分析算法的挑战。传统分析算法效率较低，同时数据缺陷也会影响数据分析的精确性，因此需要开发更高效的数据处理与分析方法。

（4）数据可视化技术瓶颈。数据可视化是重要的数据处理步骤，但是很多数据可视化工具无法满足用户需求，因此需要开发更加强大灵活的数据可视化工具，以提高数据处理效率。

总体而言，数据处理技术面临着数据存储、数据标准化与整合、数据分析、数据可视化等多个技术瓶颈，克服这些技术瓶颈将有助于推动数据处理技术的发展。

6.1.6　常见数据处理技术的发展趋势

当今世界正处于大数据信息时代，数据处理技术的发展速度越来越快，同时需要处理的数据量也越来越大。现阶段，数据处理技术的发展趋势主要包括以下几方面。

1. 网络化趋势

由于大数据时代的极大信息量，传统数据处理信息技术已经难以满足需求，新的技术设备和运算工具不断诞生。随着科技进步，计算机信息处理技术呈现网络化趋势，特别是云计算的出现极大地提高了数据处理效率。云计算具有强大的计算能力，能够同时处理和存储海量数据。同时，云计算成本较低，对用户端硬件设备没有过高要求，因此网络化信息处理将成为未来发展的主流趋势。

具体而言，云计算技术提供了强大的存储和管理能力，可以承载海量的监测感知数据，确保了海洋土木工程监测感知数据的安全性和可靠性。同时，云计算平台提供了强大的计算资源，可以支持复杂的数据处理和分析任务，加速了海洋土木工程监测感知数据的处理和分析过程。此外，云计算技术可以支持实时数据处理和响应需求，有助于及时发现和应对海洋土木工程中的异常情况和风险。

2. 开放化趋势

目前，信息处理技术虽然能基本满足数据共享需求，但是共享功能尚未完善，导致信息共享方面的成本相对较高。主要原因是现有技术主要以数据挖掘、数据存储为主，在计算机网络开放性方面投入力度有限。随着大数据时代的到来，数据需求的增加将促进信息共享技术的进一步发展，从而构建一个更为立体、多元、完善的信息体系，也能更好地满足相同主体信息的共享需求。

具体而言，在海洋土木工程监测感知领域，为了实现不同设备、传感器和系统之间的数据交换和共享，越来越多的开放数据接口、格式和协议等将被提出和采用，以促进海洋土木工程监测感知领域数据的共享和利用。同时，越来越多的开源软件、算法和模型等将在海洋土木工程监测感知领域得到广泛应用，以促进技术的快速迭代和创新。

3. 融合化趋势

在网络信息化时代，网络与计算机之间形成了有机统一体，一方的发展将在一定程度上推动另一方的发展，未来两者的融合度将进一步深化。在融合发展中，技术体系逐渐趋于完善，信息处理技术的作用效果也会更为显著。尽管当前两者融合并不充分，但随着大数据技术的深化发展以及网络信息化的全面推进，两者融合会呈现强化趋势。随着计算机和网络的融合，数据处理技术的水平将会得到提升，以更好地应对大数据时代的需求，这种技术上的融合是发展的趋势，也是大数据高效处理信息的内在需求。

具体而言，在海洋土木工程监测感知领域涉及多元数据的融合，数据处理技术将不同传感器采集到的数据进行融合，综合分析不同数据源的信息，从而得到更全面、准确的监测结果。同时，数据处理技术将通过结构模型与监测数据的融合，提取结构的关键特征，判断结构的状况，并进行预测和预警，实现对海洋工程结构健康状态的综合评估。

6.2　海洋土木工程新能源技术介绍与发展趋势

在能源消耗量飞速增长的时代，"能源危机"一直以来是受国际各界广泛关注的热点问题。海洋土木工程通常需要大量的能源供应，包括施工期间的动力设备、供暖、照明以及运营期间的设备和系统运行等。为了满足海洋土木工程设备器件等日益增长的能源需求，开发利用太阳能、风能、波浪能等新型能源具有重要意义。新能源具有可再生、经济、安全、清洁、高效等特点，相比于传统化石能源具有巨大的潜力优势。本节介绍太阳能光伏发电技术、海上风力发电技术、波浪能发电技术三种海洋土木工程主要新能源技术的特点，并阐述其未来发展趋势。

6.2.1　海洋土木工程新能源技术介绍

1. 太阳能光伏发电技术

光伏发电是一种利用光伏效应将太阳能转化为电能的新能源技术。这项技术的基本原理是当太阳光照射到光伏材料表面时，光伏材料内的光子将激发其中的电子，使电子产生相对运动进而产生电动势差，最终形成电能。相对于其他能源，光伏发电更方便、安全、经济，并且是可再生的。光伏发电系统通常由光伏电池矩阵、能量存储单元（储能单元）、控制单元、逆变单元等器件组成[10]。其中，光伏电池矩阵产生的电能通过线缆、控制单元、储能单元、逆变单元存储，并转化为海洋土木工程设备器件能使用的电能。太阳能光伏发电系统组成如图 6-5 所示。

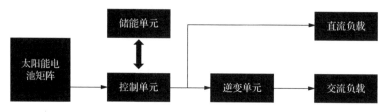

图 6-5　太阳能光伏发电系统组成

　　光伏电池矩阵是由太阳能电池单体组成的，通常太阳能电池单体的工作电压为 0.4～0.5V，远低于负载所需的工作电压，所以一般将太阳能电池单体串联封装成太阳能电池矩阵，保证工作电压与功率满足海洋土木工程用电器所需。储能单元主要由蓄电池组构成，其作用是存储电池矩阵所产生的电能并直接为用电器供电。当前使用的蓄电池组大多是铅酸电池，蓄电池组的失效是阻碍光伏发电广泛应用的主要因素之一。控制单元负责管理光伏发电系统的电力存储和供给，并提供设备保护、故障诊断、信号检测、运行状态指示等功能[11]。逆变单元是光伏发电系统的关键部件之一，其作用是将直流电转换为交流电，为使用交流电的用电器提供电能。

　　具体而言，太阳能光伏发电系统在海洋土木工程中可以作为一种独立的能源供应方式。通过利用光伏发电系统自身产生的电能，可以减少对传统能源的依赖，降低能源供应的不稳定性和成本。此外，光伏发电系统的模块化设计和灵活性使得它可以根据不同规模和类型的海洋土木工程项目的需求进行定制和布局。总之，太阳能光伏发电技术为海洋土木工程提供了可行的能源解决方案，在未来具有巨大的潜力和广阔的前景。

2. 海上风力发电技术

　　海上风力发电是利用海风等环境荷载，通过风轮发电的方式产生电能的技术。海上风电是一种清洁、可再生的能源技术，具有环境友好、经济效益高等特点。我国的海域广阔、风能资源丰富，因此海洋风电已成为我国再生能源发展的重要组成部分[12]。海上风力发电系统通常包括测风系统、支撑系统、风机、海上变电站等。其中，测风系统是风场规划阶段安装的第一个装置，主要用于评估规划区域的气象环境状况和收集数据。通常在不同高度布置一定数量的风速仪，监测不同高度的风速，同时设置了不同类型的传感器来收集气温、气压、海水温度、海水流速等环境信息。支撑系统通常包括桩基、冲刷防护段、过渡段、塔架等。桩基是用于支撑风机正常运转的重要结构，冲刷防护段是防止桩基冲刷、腐蚀等的防护装置，过渡段是连接桩基和塔架的结构，其目的是减小倾斜公差，简化塔架连接。塔架是支撑风力发电机组的结构，通常由钢结构构成，通过支撑结构将风力发电机组固定在海床上。风机主要包括叶片、轮毂、塔架和机舱四部分。叶片固定在轮毂上组成风轮，塔架位于过渡段之上用于支撑机舱和风轮，机舱装置与风轮连接位于塔架的顶部，用于收集风能。海上变电站的作用是提高风机组电压以减少输送过程中的电能损耗，因为风机发出的电压通常小于 1kW，此时需要变压器将其提升至 10kW 以上，以便其与其他发电机连接并网。

具体而言, 海洋土木工程通常需要大量的电力供应, 而海上风力发电是一种可再生能源, 依靠风能进行发电, 不消耗有限的自然资源, 可以为其提供可靠的、大规模的电力供应。通过建设海上风电场, 降低了对化石能源的依赖, 可以为海洋土木工程提供可持续的、低碳的能源解决方案。此外, 海上风力发电可以充分利用海洋空间, 将风力机组布置在海面或海底。这与海洋土木工程的特点相符, 通过合理规划和设计, 可以在海洋土木工程项目中兼顾能源利用和项目需求, 实现海洋资源的综合利用。总之, 海上风力发电为海洋土木工程提供了可行的能源解决方案, 具有可再生性、降低能源依赖、环境友好和综合利用海洋空间等优势, 能够推动海洋土木工程的可持续发展。

3. 波浪能发电技术

波浪能发电是一种利用海浪波动机械能产生电能的技术, 其优势在于海洋波浪能是可再生的, 且具有较高的可靠性和稳定性。表 6-1 为全球各种海洋能的储量统计[13]。波浪能在可开发海洋能中占比很大, 是海洋能的重要组成部分。直接利用海流动能是开发利用海洋波浪能的主要方法, 据此可将波浪能收集系统分为振荡浮子式、消耗式、截止式[14]。其中, 振荡浮子式波浪能收集装置利用海浪对浮子振动产生机械能进而转化为电能, 通常由一个浮子和一个液压系统组成, 浮子随海浪振动而振动并带动液压系统运转。振荡浮子式波浪能收集装置制造方便、对环境适应强、投放位置灵活, 但其水动力学性能较差、抗冲击性较弱、产生的反射波较大且转换效率不高。消耗式波浪能收集装置通常由一个水中浮子和一根连接浮子与机械动力装置的伸缩链条组成。当波浪通过浮子时, 浮子的上下浮动会拉动链条从而带动机械动力装置 (液压泵或发电机) 运转。消耗式波浪能收集装置的优点是结构简单、制造成本低, 但是发电效率较低, 同时对于海洋环境条件的要求较高, 不能在波浪比较强的环境中使用。截止式波浪能收集装置通常由截止式结构和能量转换装置组成, 截止式结构引导波浪流入设备内部, 能量转换装置用于将截获的波浪能量转换成电能。截止式波浪能收集装置的优势在于其具有较强的可扩展性。多个发电装置可以并联或串联, 形成波浪能发电网络, 提高总体电能产出, 装置的可扩展性使其能够适应不同规模和功率需求的海洋土木工程项目。凭借点头鸭型、聚波围堰型等结构设计, 截止式波浪能收集装置可有效降低波浪的兴波阻力。点头鸭型装置的横截面为椭圆形, 可有效降低兴波阻力, 具有较好的一次能量捕获效果, 但其结构复杂导致液压装置等关键结构布置复杂, 容易出现卡死等现象。聚波围堰型装置不受潮位的影响, 即使在大浪时也可以输出稳定的电能, 浮体自身具有较好的聚集波浪的能力, 具有较好的流体力学特性。

表 6-1 全球各种海洋能的储量统计 (单位: W)

能源种类	理论储量	技术可利用量	实际可开发量
波浪能	3×10^{12}	1×10^{12}	3×10^{11}
潮汐能	3×10^{12}	1×10^{11}	3×10^{10}
海流能	6×10^{11}	3×10^{12}	3×10^{10}
盐差能	3×10^{13}	3×10^{12}	3×10^{11}
温差能	4×10^{13}	2×10^{12}	1×10^{11}

具体而言，海洋土木工程往往需要在复杂的海洋环境中进行建设和运营，波浪能发电技术可以根据不同海域的波浪特性进行设计和调整，适应不同海况下的工作需求。此外，波浪能具有能量密度高、分布面广等优点，波浪能发电技术能够有效地捕获和转换波浪能量，实现高能量产出，这对于海洋土木工程而言是至关重要的，因为其通常需要大量的能源供应来驱动设备、运行系统和满足工程需求。总之，波浪能发电技术为海洋土木工程提供了可行的能源解决方案，能够稳定、持续地满足能源需求，并减少对传统能源的依赖，实现可持续发展。

6.2.2　海洋土木工程新能源发展趋势

1. 太阳能光伏发电技术

在技术方面，光伏发电系统受海洋环境因素影响较大，一些早期研究表明，风暴潮等极端海洋环境会使光伏发电量下降约20%[15]。在未来，光伏发电系统将采用更加适应海洋环境的光伏材料和组件，如耐海水腐蚀的不锈钢、高性能涂层等，这些材料和组件能够抵御海洋环境的腐蚀和侵蚀，保证光伏发电系统能够在恶劣的海洋环境下长期稳定运行。同时，未来将实现光伏发电系统与海上平台的一体化设计，优化结构的稳定性和承载能力，简化安装和维护过程，提高光伏发电系统的服役时间。

在结构方面，考虑光伏结构在海洋环境中的风、浪、冲击、腐蚀等影响因素，光伏发电系统将通过优化设计、材料选择和结构加固等手段，提高光伏结构的适应性和稳定性，以确保其长期可靠运行。此外，未来在海洋土木工程领域，将设计出浮动式的光伏发电系统。浮动式结构可以根据海洋水平运动调整光伏板的角度，最大限度地捕捉太阳能，提高能源转化效率。这种设计可以适应不同海洋条件和水深，并具有较高的灵活性和可扩展性。

在运维管理方面，其未来的发展趋势是通过集成自动化控制系统和远程监测技术，实现对海洋土木工程中光伏发电系统的自动化远程调节、运行优化和故障处理。自动化操作和管理可以提高系统的运行效率和响应速度，降低人工干预的需求，减少人力成本，并提高光伏发电系统的可持续性和可靠性。

2. 海上风力发电技术

在技术方面，研发大容量风力发电机。风力发电机的成本占整个海上风力发电机组总成本的45%～50%。风机容量越大，达到相同风电场规模所需的风力机数量越少，可达到降低成本的目的。目前，海上风电设备已逐渐向设备的大型化、轻量化等方向发展，这将直接降低风电行业的设备成本。同时，由于大叶片塔的结构类型可以达到降低最低风速的目的，并且可以有效提高风资源的利用率，从而直接降低千瓦时电力成本，提高海洋资源的利用率。

在结构方面，研发浮式海上风电。目前，我国在海上风力发电方面的发展主要集中在沿海潮滩浅海水域。据统计，接近海岸的风电资源储量大约为5亿千瓦，而海洋深度50m以上的深海风力储量约为13亿千瓦[16]。不过，在水深超过60m后，海上固定式风力发电机组的建设与维修投入会大幅增加，并无法确定其稳定性。浮动平台可携带威力更大的风力发电机,已成为深海水域海洋风力的必要技术[16]。

在运维管理方面,采用远程监测技术对海洋土木工程中的海上风电系统进行实时监测。通过传感器和物联网技术,可以收集海上风电系统的运行数据和状态信息,实时监测系统的性能指标、发电量、温度等关键参数。同时,利用数据分析和人工智能技术,进行故障诊断和预测,提前发现问题并采取相应措施,以确保海上风电系统的稳定运行。

3. 波浪能发电技术

在技术方面,通过创新的波浪能收集装置设计,提高能量的捕获和转化效率,包括优化装置的形状、大小和材料选择,以最大限度地捕捉波浪能量,并将其转化为电能。同时,利用的流体力学数值仿真技术,优化装置的动力学响应,使其能够更有效地适应不同的波浪条件。此外,将在波浪发电系统中引入先进的控制系统和自适应技术,可以实时监测波浪状态,并自动调整装置的姿态和工作模式,以保持稳定的发电效率。

在结构方面,未来将进一步强化波浪能发电装置的结构耐久性,以应对恶劣的海洋环境和波浪力量。这包括优化装置的结构设计,使其能够有效吸收和分散波浪冲击力,减少结构的疲劳损伤和振动问题。此外,采用更坚固和耐腐蚀的材料,如高强度钢材、复合材料和防腐涂层,以增加结构的稳定性和抗氧化性。

在运维管理方面,未来将引入自主监测和维护机器人技术,通过机器人设备对波浪能发电装置进行巡检、维修和保养。机器人设备可以配备传感器和摄像头,能够自主导航、收集数据,并进行必要的维护工作。自主监测和维护机器人可以降低人工干预的需求,提高安全性和效率,这将为海洋土木工程提供更可行的波浪能发电运维管理方案。

6.3　海洋土木工程材料介绍与展望

海洋土木工程材料指的是在海洋工程结构建造过程中使用的材料。海洋土木工程的目的是在海岸或海洋环境中建造各种结构物,如海底隧道、海底管道、跨海桥梁、海上平台、港口码头等。由于海洋中的温湿度、盐分等环境因素变化大且台风、海啸等自然灾害频发,海洋土木工程材料需要具有耐腐蚀、耐冲刷、稳定性高等特点,以确保结构物的服役安全。本节介绍高性能钢材料、合金材料、复合材料三种常见的海洋土木工程材料,并阐述其未来发展趋势。

6.3.1　海洋土木工程材料介绍

1. 高性能钢材料

高性能钢指在海洋环境中能够保持良好力学性能的钢材。高性能钢在硬度、耐磨性、抗腐蚀性等方面都优于常规钢铁。结合了材料、结构、施工优化等方面的优势,能够提供耐腐蚀性、高强度和耐磨损性能,确保海洋土木工程的安全性、可靠性和耐久性。因此,高性能钢是海洋土木工程理想建造材质之一。通常,高性能钢按材料物理性质可分为高强度钢、高耐腐蚀性钢和高耐磨性钢。

强度钢具有较高的屈服强度和抗拉强度，通常比普通钢材具有更高的强度。在海洋土木工程领域，高强度钢常用于制造海洋平台、海上风电设施、海底管道、跨海大桥等需要承受较大荷载和力量的部件。它能够在极端海洋环境下提供更强的结构支持和稳定性。图 6-6（a）为高强度钢在大跨度桥梁拉索中的应用[17]。

高耐腐蚀性钢具有良好的抗腐蚀性能，能够在海洋环境中抵抗海水、潮湿空气和化学物质的腐蚀。在海洋土木工程领域，高耐腐蚀性钢常用于制造海洋平台、海底结构、船舶等需要长期暴露在海水中的部件，以提供可靠的耐久性和防腐蚀性。图 6-6（b）为高耐腐蚀性钢在海上输电塔支撑结构中的应用[18]。

高耐磨性钢具有优异的耐磨损性能，能够抵御海水中的冲刷、磨损和磨蚀。在海洋土木工程领域，高耐磨性钢常用于制造海洋平台的桩柱、海底管道等需要抵御磨损和冲击的部件。它能够延长使用寿命并减少维护需求，保持结构的完整性和可靠性。图 6-6（c）为高耐磨性钢在海上平台桩柱中的应用[19]。

（a）高强度钢在大跨度桥梁　　　　（b）高耐腐蚀性钢在海上输　　　（c）高耐磨性钢在海上
拉索中的应用[17]　　　　　　　　电塔支撑结构中的应用[18]　　　　平台桩柱中的应用[19]

图 6-6　高性能钢材料在海洋土木工程中的应用

2. 合金材料

合金材料是指两种或两种以上金属通过特殊锻造技术融合而成的金属材料。目前已知的金属元素有数百种，通过组合可制成合金材料的金属原料，可以生产出多种合金。合金材料具有高强度、高硬度、良好的耐腐蚀性和良好的热稳定性等特点，可解决海洋土木工程面临的结构受到冲击发生破坏、纯金属材料腐蚀以及材料在高温环境下失效等问题。合金材料按物理性质可分为耐腐蚀合金、耐高温合金、钛合金三类。

耐腐蚀合金具有很好的抗腐蚀性。由于铜、金、银等金属的流动性较差，在酸性或碱性环境中不会腐蚀，用这些金属制成的合金可以有很强的耐腐蚀性。常见的耐腐蚀合金主要有不锈钢、钛合金、哈氏合金等。海洋环境中存在盐水和潮汐等恶劣条件，耐腐蚀合金材料的耐腐蚀性可以有效降低腐蚀速率，提高结构的耐久性和可靠性。

耐高温合金是一种可承受 700℃以上高温并保持正常工作的合金材料。通过合金化技术手段，将铬、钼、钨等金属添加到不同金属材料中，可以制备耐热性能极佳的合金材料。例如，镍基合金是一种生活中常用的耐高温合金。一些海洋土木工程中，如深水油井钻井平台，可能面临高温环境，因此耐高温合金的热稳定性可以确保结构在高温条件下保持稳定性和可靠性。

钛合金的熔点高达 1600℃，具有较高的硬度和强度，但塑性较差[20]。钛合金是将钛与其他金属元素进行合金化制备而得到的。钛合金具有较高的强度和优异的比强度，同时具有轻质性能。这使得钛合金在海洋土木工程中可以减轻结构和设备的质量，提高整体的强度和稳定性。

在海洋土木工程领域，除上述三种合金材料外，已有其他合金材料用于建造大型跨海桥梁、海上风力涡轮机等海洋工程结构的不同构件。其他合金材料包括镍基合金、铝合金、铜合金等。镍基合金具有良好的耐腐蚀性、高温强度和耐磨损性能，常用于海水中的管道、阀门、泵等设备，以及海洋平台和海底结构中需要抵抗腐蚀和高温的部件，图 6-7（a）为镍基合金制成的海底管道[21]。铝合金具有良好的抗腐蚀性和轻质性能，常用于海洋土木工程中的船舶、浮筒、桥梁、平台和防护结构等，以提供轻量化和耐腐蚀的解决方案，图 6-7（b）为铝合金制成的桥梁用牺牲阳极，可以有效保护跨海桥梁遭受海洋腐蚀性物质的侵蚀[22]。铜合金具有良好的导电性和耐腐蚀性，常用于海洋土木工程中的电缆、连接器和导线等电气设备，以及海洋平台和海底结构中需要抵抗腐蚀的部件，图 6-7（c）为铜合金制成的海底电缆[23]。

（a）镍基合金制成的海底管道[21]　　（b）铝合金制成的桥梁用牺牲阳极[22]　（c）铜合金制成的海底电缆[23]

图 6-7　合金材料在海洋土木工程中的应用

3. 复合材料

复合材料是由两种或两种以上各向异性材料组成的材料，具有力学性能优异、化学稳定性好、耐腐蚀性好等特点，因此，复合材料在海洋土木工程领域得到了广泛的应用。典型的复合材料包括钢筋混凝土、碳纤维复合材料和玻璃纤维复合材料等。

钢筋混凝土是海洋土木工程中应用最早的复合材料。钢筋是具有高强度和高延展性的金属材料，而混凝土是一种由水泥、骨料和水混合而成的胶状材料。钢筋的高强度能够抵抗拉力，而混凝土则能够承受压力，二者相互协作，提供了结构的稳定性和耐久性，能够承受海洋环境中的重载和冲击力。此外，海洋环境中存在盐分和潮湿的条件，钢筋混凝土结构通过混凝土的包覆作用，能够有效保护钢筋免受海水的腐蚀。图 6-8（a）为钢筋混凝土制成的海岸防波堤[24]。

碳纤维复合材料由碳纤维和树脂基体组成，是一种具有高强度、轻质、强耐腐蚀性等优异性能的复合材料。相同尺寸的碳纤维材料比钢材轻 50% 左右，但却比钢材强度更高，这使得碳纤维复合材料在承受海洋环境中的荷载和力学挑战时表现出色。例如，在海洋平台的建设中，使用碳纤维复合材料加固桩基和横梁等关键部位，能够提高结构的整体强度和抗风浪能力。此外，碳纤维复合材料具有出色的耐腐蚀性能，不受海水和盐雾的侵蚀，能够提供长期的耐久性和可靠性。因此，它可以替代传统的金属材料，减少维护和修复成本。图 6-8（b）为碳纤维复合材料制成的海上风机的叶片[25]。

玻璃纤维复合材料是一种由玻璃纤维增强剂和基础树脂组成的复合材料。玻璃纤维复合材料的高强度使其成为制造结构件的理想选择。在海洋土木工程中，可以使用玻璃纤维复合材料制造海洋平台的结构件。其高强度可以提供足够的支撑和承载能力，同时降低结构的自重，提高结构的浮力。此外，海洋环境中的盐雾、潮湿气候和海水的腐蚀性对结构材料造成很大的影响。玻璃纤维复合材料具有出色的耐腐蚀性，能够抵抗海水的腐蚀以及化学物质的侵蚀。相比于传统的金属材料，它在海洋环境下能够保持更长的使用寿命。图 6-8（c）为玻璃纤维复合材料制成的海上风机的机舱[26]。

（a）钢筋混凝土制成的海岸防波堤[24]　　（b）碳纤维复合材料制成的　　（c）玻璃纤维复合材料制成海上风机的叶片[25]　　的海上风机的机舱[26]

图 6-8　复合材料在海洋土木工程中的应用

6.3.2　海洋土木工程材料展望

1. 高性能钢材料

高性能钢材料在海洋土木工程中的发展趋势包括性能提高、制造技术优化、环境友好等方面。其中，性能提高主要针对多相钢材。作为高性能钢材料的重要发展方向之一，多相钢材由不同晶体结构组成，具有高强度、高韧性，以及良好的塑性和韧性。多相钢材在海洋土木工程的桥梁、海上平台等方面具有广泛的应用前景。制造技术优化将成为高性能钢材料发展的重要支撑。随着先进制造技术的发展，高性能钢材料的制造成本将逐渐降低，质量将进一步提高。例如，金属 3D 打印技术可以制备结构复杂、性能优良的高性能金属构件，有效提高制造效率。激光切割、等离子切割等技术可以制造出精密的高性能钢材构件，提高加工精度和表面质量。环境友好是高性能钢材料的未来发展方向之一。随着对环

保和可持续性的要求的提高，高性能钢材料的制备使用也将着重于环境保护和可持续性，
例如，开发出具有低碳足迹和环境友好的钢材，满足海洋土木工程的环保要求。

　　总体而言，高性能钢材料的未来发展趋势将注重提高性能、改善制造技术、提高可持续性。未来高性能钢材料的应用将使海洋工程能够更好地应对复杂的海洋环境，并提供更安全、可靠和可持续的解决方案。

2. 合金材料

　　合金材料在海洋土木工程中的发展趋势包括性能提高、制造技术优化、环境友好等方面。其中，性能提高指同时具备高强度和高韧性的合金材料，其更注重强度和韧性的平衡，解决传统合金材料强度高但韧性较低，容易出现断裂、裂纹等问题。因此，未来合金材料的发展方向将是在保证高强度的同时，提高材料的韧性，以更好地适应海洋土木工程的性能需求。制造技术优化指合金材料加工精密化，例如，采用先进的加工技术和精密测量设备，控制合金材料的组成、结构和形态，从而获得更加精确可控的合金材料，提高材料的力学性能和稳定性。环境友好指合金材料的可持续性，即在材料制备、使用、废弃的全生命周期中减少对环境的影响。例如，开发出可回收、可重复利用的新型合金材料，减少资源浪费、降低环境污染。采用低碳、环保的制备工艺减少二氧化碳排放，降低全球气候变化的影响。

　　总体而言，随着科技的不断进步和工业的不断发展，未来合金材料的发展趋势将更加注重高强度、高韧性、精密化和可持续性等方面的发展。未来合金材料的应用将为海洋土木工程提供更好的结构性、安全性和可靠性，并推动海洋工程领域的可持续发展。

3. 复合材料

　　复合材料在海洋土木工程中的发展趋势包括性能提高、制造技术优化、环境友好等方面。其中，性能提高指研发具有更高性能的新型复合材料。随着新材料的不断涌现，复合材料将趋于多样化，材料性能极大提高。例如，纳米增强复合材料、自修复复合材料等新型复合材料的出现为海洋土木工程提供了更多的选择，可以改善海洋工程结构的性能、可靠性和耐久性。制造技术优化指运用先进制备技术。例如，自动化制造、3D 打印等技术的应用将极大地提高复合材料的制造效率和品质。制造技术的优化将推动新型复合材料在海洋土木工程领域的快速发展。环境友好指复合材料的可再利用性。例如，将复合材料通过分离和再加工的方式实现材料的回收和再利用。不仅降低了废弃材料的产生，而且减少了对自然资源的消耗。新型复合材料在减少对环境的压力和实现可持续海洋土木工程建设方面具有重要意义。

　　总体而言，未来复合材料将朝着多样化、制造技术进步、环境友好等方向不断发展壮大。新型复合材料作为新材料的代表，具有很高的研究和应用价值。可以预见，未来复合材料将会在海洋土木工程领域取得创新和进步，为复杂海洋环境下的工程提供更可靠、高效和可持续的解决方案。

6.4　数据时代海洋土木工程信息智能化

6.4.1　海洋信息采集传感器

传感器作为海洋信息感知技术的基础，在海洋信息采集中起到了至关重要的作用。本节介绍海水温度传感器、盐度传感器、潮位仪三种海洋信息采集传感器，并按每种传感器的工作原理分类，进一步阐述各自的技术特点。

1. 海水温度传感器

海水温度变化对于海洋土木工程服役状态和海洋生物生存状况具有重要意义。随着传感技术的进步，海水温度监测技术从最初的温度表测量逐渐发展到高精度的温度传感器测量。按照测量原理的不同，通常将海水温度传感器分为热电偶温度传感器、热敏电阻温度传感器、红外温度传感器三类，如图 6-9（a）～（c）所示。

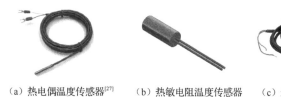

（a）热电偶温度传感器[27]　　（b）热敏电阻温度传感器　　（c）红外温度传感器

图 6-9　海水温度传感器

热电偶温度传感器基于热电效应原理，是一种以接触方式测量温度的传感器[27]。当两个电极之间存在温差时，外部电路会产生电势差，通过监测电压的变化可实现温度的精准测量。热电偶温度传感器结构简单，温度测量精度较高、测量范围广，能实现长距离传输和信号转换，是最简单通用的温度传感器。

热敏电阻温度传感器也是一种接触式温度测量装置，通过金属或半导体材料的电阻随着温度变化的性质来检测温度。热敏电阻通常是一个电阻元件，在温度变化时电阻值也随之变化。相比于热电偶温度传感器，热敏电阻温度传感器响应速度更快、测量精度更高，同时无须冷端温度补偿，但制作工艺更为复杂。

红外温度传感器基于黑体辐射定律（普朗克辐射定律），是一种非接触式的温度测量仪器。温度高于绝对零度的任何物体都会向外辐射能量，且辐射能量会随温度升高而增加，因此红外温度传感器相比于热电偶和热敏电阻温度传感器具有更广的适用范围。红外温度传感器受空间局限性小，可以在不需要与物体达到热平衡的情况下进行测量，且响应速度快，测量范围可达到 2500℃以上，但易受环境干扰。

2. 盐度传感器

盐度传感器是一种用于测量海水盐度的传感器，通常用于海洋科学、农业、工业生产等领域，测量液体中盐分含量以控制或监测生产过程。目前，盐度传感器主要包括温盐深剖面仪、光纤盐度传感器、水凝胶光纤盐度传感器等。温盐深剖面仪是监测海水物理特性最普遍的仪器，可实现长时间连续的盐度监测。它通过测量溶液的电导率利用电导池中电极之间的电阻，根据已知的电导率和电阻关系算出海水盐度。温盐深剖面仪具有精度高且能连续监测的特点，然而电极容易受到水质污染和电磁场干扰导致测量误差，测量精度降低。图 6-10（a）为温盐深剖面仪的电导池示意图。

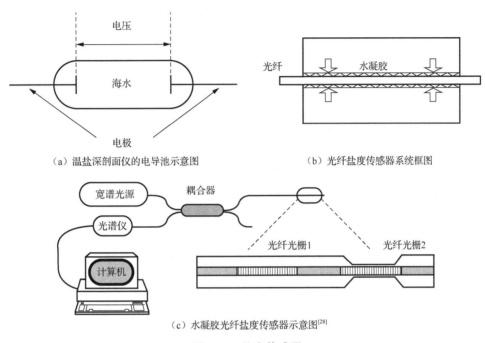

（a）温盐深剖面仪的电导池示意图　　　　　　　（b）光纤盐度传感器系统框图

（c）水凝胶光纤盐度传感器示意图[28]

图 6-10　盐度传感器

光纤盐度传感器通过感知光折射率变化推算海水盐度的变化，其基本原理是海水盐度变化会导致光的折射率发生变化，二者通常呈线性变化趋势。光纤盐度传感器测量海水盐度的优势在于整套系统的结构简单紧凑，可实现全天候自动化监测和远程数据采集与传输。然而，缺陷在于光纤与海水的接触面易产生沉淀附着，影响测量的准确性和可靠性。图 6-10（b）为光纤盐度传感器系统框图。

水凝胶光纤盐度传感器利用水凝胶的亲水性测量海水盐度。水凝胶是一种不溶于水的材料，具有亲水性，可吸收大量水分，随着外部海水盐度增加水凝胶内部的水分会减少，导致水凝胶体积变小[28]。因此，将水凝胶包裹在光纤传感器外侧，可导致光纤传感器产生微弯变形，水凝胶的体积变化可以表示光损失量的大小，因此通过检测光强度可间接测出海水盐度。水凝胶光纤盐度传感器的优势在于寿命长、可靠性高，缺点在于仍处在实验阶段，应用范围有待进一步推广。图 6-10（c）为水凝胶光纤盐度传感器示意图[28]。

3. 潮位仪

潮位仪是一种用于测量潮汐水位变化的精密仪器。潮位仪通过测量潮汐水位的变化，可以提供海洋土木工程设计和建设所需的潮汐数据。潮位仪基于水位传感器来感知水位的变化。潮位仪根据内置水位传感器的类型可分为浮子式、超声波式、压力式三类[29,30]，三种潮位仪分别如图 6-11（a）～（c）所示。

（a）浮子式　　　　　　（b）超声波式　　　　　　（c）压力式[29,30]

图 6-11　潮位仪

浮子式潮位仪利用水尺上的水位推断得出实时潮位，其需要在测量潮位前确定测量基准点。然而，目前由于填海工程等导致近岸面积逐渐减小，基准点难以确定。同时，浮子式潮位仪长期使用会导致其内部发生磨损生锈，影响测量准确性。

超声波式潮位仪利用声学测距原理对潮位进行非接触测量。超声波式潮位仪主要包含探头、声呐、数据接收装置三部分，通过记录信号收发的时间差推算水面高度。超声波式潮位仪具有使用方便、滤波性能好等特点，可用于长时间测量。但其容易受到外界环境温度干扰，在不均匀声场中采集数据时，需对温度进行补偿以修正声速。

压力式潮位仪通过监测海水的水位变化引起的压力变化测量潮位的变化，主要包括压力传感器、数据记录仪两部分。其中，压力传感器用于记录潮位变化前后的海水压力，数据记录仪将压力数据换算成水位高度。压力式潮位仪的特点是测量效率高、自动化程度高，可实现远程记录，但容易受漩涡或暗流的干扰导致测量误差。

6.4.2　海洋立体传感器网络

海洋环境复杂多变，捕获精准的海洋信息需要构建海洋立体传感器网络，主要包括海洋浮标、水下深潜器、海底电缆等关键部分。本节介绍海洋立体传感器网络关键组成部分的工作原理。

1. 海洋浮标

海洋浮标是一种漂浮在海洋中具有观测、监测、标记位置等功能的装置，通常由密封容器和浮动设备组成。海洋浮标可以保持在海面上并被锚链锚固在水下或海底底床，因此其随着海流、风向、风速等变化而周期性移动[31]。图 6-12 展示了格陵兰海域海气耦合观测浮标[32]。

海洋浮标可以用于航海导航、海洋气象观测、海洋环境监测、海洋生物学研究、油田开发等多种目的。例如，海洋航海浮标可以帮助船只确定航线，并在搜救行动中提供位置信息。海洋气象观测浮标可以收集风速、风向、气温、湿度等信息，提高海洋天气预报的准确性。海洋环境监测浮标可以收集海洋温度、盐度、海流、悬浮物等信息。不同类型的可移动海洋浮标具有不同的工作原理。例如，有些海洋浮标是风力驱动的，并通过特殊的传感器记录位置信息；有些海洋浮标是电力驱动的，通过电机驱动实现在水中自由移动。尽管海洋浮标的设计和功能各不相同，但它们都具有较高的稳定性，能够在恶劣的海况下工作。同时，海洋浮标也是可持续的，不会对海洋环境造成污染。

图 6-12　格陵兰海域海气耦合观测浮标[32]

总体而言，海洋浮标是海洋立体传感器网络的重要组成部分，在海洋土木工程领域中发挥着重要作用，通过海洋浮标收集和传输海洋数据，为海洋土木工程的设计、建设、监测和灾害预警等方面提供重要支持。

2. 水下深潜器

深潜技术是开展深海研究的重要技术手段，它由水下深潜器、工作母舰（水面支援船）、陆上基地等组成，其中水下深潜器是重要部分。水下深潜器也称水下潜器，指具备水下观测与操作功能的活动式深潜水设备，主要用于进行水底调查、海底钻探、水底研究和打捞、救生等各项任务。图 6-13 展示了我国自主研发的"蛟龙"号与"深海勇士"号载人潜水器[33]。

（a）"蛟龙"号　　　　　　　　　（b）"深海勇士"号

图 6-13　水下深潜器[33]

水下深潜器普通吨位往往在 20～80t，个别可达 300～400t，潜水深度普遍为 2000～5000m，最深可达 11000m[34]。现阶段，水下深潜器和遥控工业机器人大多通过和船舶连接的电缆控制行动。通过电缆操纵深潜装置可提供动力的时间长，数据传输速率高，各支援舰艇间的联络良好，没有无线通信障碍。然而，线缆也影响深潜装置的机动能力，同时线缆还需要定期修理更换。

　　总体而言，水下深潜器是海洋立体传感器网络的重要组成部分，通过水下深潜器的应用，可以获取海洋环境和工程相关的重要数据，更全面地了解海洋环境、评估工程风险、优化设计方案，从而确保海洋土木工程的安全性和可靠性。

3. 海底电缆

　　海底电缆主要分为海底通信光缆和海底电力电缆两类。其中，海底通信光缆又称海底光缆，通常铺设于水底海床，用于数据和通信信号的传输。海底通信光缆的线芯是用细如毛发的优级纯光缆所制成的，利用向内反射使光沿着光纤的方向前进，通过绝缘外皮包覆的电线束铺设于海床。由于海水可避免外部光电信号的影响，海缆的信噪比较好，且在海底光缆传输中时间延迟较小。图 6-14（a）展示了海底通信光缆的典型结构组成[35]。

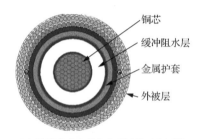

（a）海底通信光缆的典型结构示意图[35]　　　　（b）海底电力电缆的典型结构示意图[36]

图 6-14　海底电缆

　　海底电力电缆主要用于电力的远距离水下输送，是一种高效的电力输送方式，是不同陆岛之间、不同海上结构物间电力输送的快速稳定渠道。海底电力电缆通常由一层导电材料和一层防腐层制成，其中导电材料用于传输电力，防腐层用于防止海水侵蚀电缆内部的电力元件。海底电缆的电缆外壳通常由高强度的复合材料制成，确保其在极端海洋环境下正常工作。目前由质轻的聚乙烯所制成的光缆保护层大约为 17cm 厚。图 6-14（b）展示了海底电力电缆的典型结构组成[36]。

　　总体而言，海底电缆是海洋立体传感器网络的重要组成部分，海底电缆在海洋土木工程领域具有重要作用，包括通信传输、数据采集、电力供应和灾害预警等多个方面，为海洋土木工程的监测、控制和管理提供了关键支持。

6.4.3　数据实时分析处理系统

　　海洋信息采集传感器及其立体传感器网络每时每刻都在采集监测数据，因此需要大数据与云计算技术构建海洋大数据服务平台，实现监测数据的分析处理和可视化。本节主要介绍数据实时分析处理系统的主要技术，包括大数据技术、云计算技术、海洋大数据服务平台等。

1. 大数据技术

大数据技术是一种处理海量数据的技术手段，包括数据采集、存储、处理、分析、应用等方面的技术，具有以下优势。首先，高效的数据采集存储。通过多种途径采集的数据通常以结构化或非结构化的形式存在，大数据技术通过高效的存储技术将这些数据存储到本地服务器或云端。相比于传统单机存储技术，大数据技术的存储方式更加高效，可以实现海量数据的高效存储管理[37]。其次，深度数据分析。大数据技术通过数据挖掘和人工智能等算法技术，对海量数据进行深度分析，发现数据中的规律和潜在信息。通过传感器和监测设备采集的海洋工程结构数据可以进行深度数据分析，识别结构的健康状况、预测结构的损伤和疲劳，以及提供预防性维护和修复策略，从而确保工程结构的安全性和可靠性。最后，提供决策支持。大数据通过对海洋土木工程中大量的数据进行整合、分析和模拟，可以获取对工程决策具有重要影响的信息，辅助决策者进行合理的决策和规划。

总体而言，大数据技术具有高效的数据采集和存储、深度数据分析、提供决策支持等优势。大数据技术是数据实时分析处理系统的核心技术之一，为海洋土木工程的设计、建设和运营提供了强大的技术支持。

2. 云计算技术

云计算最早于 2006 年的世界搜索引擎大会上提出，成为互联网的第三次革命，指利用互联网"云"把大量信息计算数据处理程式分解成众多小程式，再由多个操作系统构成的应用软件体系完成数据处理，最后将结论反馈给用户[38]。云计算利用了计算机网络系统的优势，可储存、整合相关数据并按需分配资源，向用户提供服务多样化业务。云计算技术是网络和计算机技术之后互联网信息时代的又一次变革，其核心概念是把众多计算机资源协调到一起，从而通过互联网获得大量网络资源，且所得到的网络资源不受时间和空间的约束。云计算技术已成为信息领域的重要发展方向，全球各地的信息企业也正在不断投入云计算技术的研究与开发。

具体而言，海洋土木工程项目通常需要大量的计算资源，云计算提供了强大的计算能力，可以支持海洋土木工程中的大规模模拟和仿真。例如，可以使用云计算平台进行海洋结构的力学分析、波浪模拟、流体动力学模拟等，以评估结构的性能和安全性。此外，海洋土木工程产生了大量的数据，云计算可以用于存储、处理和分析这些数据。通过云计算平台提供的大数据分析工具和算法，可以对海洋环境数据、结构监测数据等进行深入分析，并基于数据进行预测和决策支持。总之，云计算技术是数据实时分析处理系统的核心技术之一，云计算技术在海洋土木工程领域具有许多优势，包括强大的计算能力和数据存储能力，可以为海洋土木工程提供强大的技术支持。

3. 海洋大数据服务平台

海洋大数据服务平台是一种面向海洋领域的大数据管理系统，通过收集、整理、存储海洋数据，为海洋研究、海洋管理、海洋监测等领域提供有效的数据支持[39]。海洋大数据服务平台融合了大数据、云计算等先进的计算机网络技术，以提高平台服务效率。海洋大数据服务平台一般由数据收集模块、数据整理模块、数据存储模块、数据分析模块等多模块组成。其中，数据收集模块通过不同方式获取海洋数据，如海洋观测设备、船舶设备、卫星遥感等。数据整理模块整理不同来源的海洋数据，使其符合统一的格式。数据存储模块可以高效存储海洋数据，并通过多维度数据分析模块生成相关数据报告[40]。海洋大数据服务平台的出现，对海洋土木工程产生了重要影响，它不仅为海洋监测数据提供技术支持，还可以提高数据分析的效率和准确性。此外，海洋大数据服务平台还可以为海洋土木工程管理部门提供实时监测和预测海洋环境变化服务。

　　总体而言，海洋大数据服务平台是一个具有广泛应用前景的海洋土木工程服务系统，它将有助于开展海洋环境监测与预测、结构监测与健康评估、工程规划和设计、施工与维护管理，以及风险评估和应急预警等方面的研究，为海洋土木工程项目提供数据支持和决策依据，提高工程的安全性、可靠性和可持续性。

6.5　海洋智能土木工程与智慧海洋

　　随着互联网时代的到来，"智能化"一词变得耳熟能详，海洋智能土木工程指利用人工智能、海洋物联网等先进技术，实现对海洋土木工程的智能化设计、建造和管理。本节重点描述海洋土木工程中的近海工程与港口码头，详细阐述智能化带来的优势。

6.5.1　海洋智能近海工程

　　海洋智能近海工程是一种结合智能数据技术和工程结构，在近海海域建设的海洋土木工程。传统的近海工程存在着设计、建造和运维效率低和影响海洋环境等问题。随着现代新兴海洋工程技术和计算机技术的发展，近海工程正逐步走向智能化。海洋智能近海工程在传统近海工程的基础上引入智能化技术，带来的优势如下[41]。

　　首先，智能化技术可以提高近海工程的设计、建造和运维效率。通过计算机辅助设计和计算机辅助工程等工具，可以加快设计过程，优化结构设计，减小人为误差。智能化监测系统和远程传感器网络可以实时监测工程结构和环境状态，提高故障检测的准确性和效率。

　　其次，智能化技术可以降低近海工程对海洋环境的影响。通过智能模拟和环境影响评估，可以预测工程活动对生态系统和水质的影响，制定相应的环境保护措施。

　　最后，智能化管理系统可以优化资源利用，减少能源消耗和废弃物产生，实现工程的可持续发展。

　　总体而言，海洋智能近海工程的发展具有重要的现实意义和科学价值，海洋智能近海工程在传统近海工程的基础上引入智能化技术，带来了提高工程效率和降低环境影响等优势。这些优势可以促进近海工程的可持续发展，提高工程质量和效益，同时保护海洋环境和资源。

6.5.2　海洋智能港口码头

　　海洋智能港口码头是指应用智能化技术在港口码头建设与运营管理中的一种先进形式。传统的港口码头存在着操作效率低、安全性低和数据流通与信息交换困难等问题。随着现代新兴海洋工程技术和计算机技术的发展，港口码头正逐步走向智能化。海洋智能港口码头在传统港口码头的基础上引入智能化技术，带来了以下优势。

首先，智能化技术使得港口码头的操作更加高效。自动化起重机、导引车和智能堆场管理系统等设备的应用，实现了自动化装卸和货物搬运，大幅提升了装卸效率。同时，通过智能调度系统和优化算法，实现船舶和货物的快速配载和调度，减少等待时间，提高港口吞吐能力[42]。

其次，智能化技术有助于港口码头的安全管理。通过智能监测系统、视频监控和传感器网络，对港口码头的安全状态进行实时监测和预警，可以实现船舶和货物的安全检查，确保符合安全要求和规范，减少潜在事故风险。

最后，智能化技术有助于数据流通与信息交换。海洋智能港口码头通过集成不同设备和系统的数据，建立数据互联互通的平台。利用大数据分析技术，对港口码头的运行数据、货物流动、航运信息等进行实时分析和预测，为决策提供科学依据，优化资源配置和运营管理。

总体而言，海洋智能港口码头是应用智能化技术和系统的先进形式，通过智能设备与系统、数据集成与分析、联网与协同等提升港口码头的运营效率和安全性，推动港口行业向智能化方向发展。未来，海洋智能港口码头将成为全球港口码头发展的重要方向。

6.5.3　智慧海上交通

智慧海上交通是指在传统海上交通的基础上，运用先进的信息技术和智能化手段，实现海上交通系统智能化管理的一种交通模式。传统的近海工程存在着安全性低、运营效率低和影响海洋环境等问题。随着现代新兴海洋工程技术和计算机技术的发展，海上交通正逐步走向智能化。智慧海上交通在传统海上交通的基础上引入智能化技术，带来了以下优势。

首先，它可以提高船舶航行的安全性。智慧海上交通利用先进的传感器、监测设备和通信系统，实时监测船舶位置、航行状态、海洋气象等信息，能够提前识别潜在的安全隐患，如船舶碰撞、恶劣天气等，并提供预警和建议，提高海上交通的安全性。

其次，智慧海上交通可以提高运营效率。智慧海上交通通过智能化的数据分析和决策支持系统，优化航线规划、船舶调度和港口操作等，提高船舶运行效率和货物吞吐能力。智能化技术还能够提供实时的交通信息和导航建议，帮助船舶避开拥堵区域，减少航程时间和燃料消耗。

最后，智慧海上交通可以降低对海洋环境的影响。智慧海上交通利用先进的能源管理和碳排放监测技术，可以实时监测船舶的能源消耗和排放情况，并提供节能减排建议。智能化的航行规划和速度控制也可以减少船舶的碳足迹，降低对海洋环境的影响。

总体而言，智慧海上交通通过信息技术和智能化手段，实现海上交通系统的智能化管理和优化，提升海上交通的安全性、效率和可持续性，为船舶、港口和海上交通管理机构等提供更加智能化的交通服务。

6.5.4　智慧海洋牧场

智慧海洋牧场是指在传统海洋牧场的基础上，引入智能化技术和数字化手段，实现养殖过程智能化的一种养殖模式。传统的海洋牧场存在着养殖效率低、资源利用率低和生物安全性低等问题。随着现代智能化技术的发展,海洋牧场正逐步走向智能化。智慧海洋牧场在传统海洋牧场的基础上引入智能化技术,带来了以下优势。

首先,智慧海洋牧场提高了养殖效率。智慧海洋牧场利用先进的传感器、监测设备和数据分析技术,实时监测水质、温度、氧气含量等关键参数,精确控制养殖环境。智能化的养殖管理系统可以优化饲料供给、水质调控和疾病监测,提高养殖效率,减少资源浪费和损失[43]。

其次,智慧海洋牧场优化了资源利用。智慧海洋牧场通过智能化的监控系统,可以实时监测养殖场的运行状态和养殖生物的行为。通过视频监控、图像识别等技术,可以实时观察和分析养殖生物的健康状况和行为特征,及时发现异常情况,并采取相应的措施,提高养殖的监控能力和效果。

最后,智慧海洋牧场提升了生物安全性。智慧海洋牧场通过智能化的疾病监测和预警系统,可以及时发现和预防养殖生物的疾病暴发。通过监测生物的健康指标、行为特征和环境因素,智能化系统可以提前发现异常情况,并采取相应的措施,降低疾病传播的风险,提升养殖的生物安全性。

总体而言,智慧海洋牧场通过引入智能化技术,提高了养殖效率、优化了资源利用、提升了生物安全性。这些优势将为海洋养殖行业带来更加智能化、高效、环保和可持续的发展。

6.5.5　智慧海洋石油平台

智慧海洋石油平台是指在传统海洋石油平台的基础上,引入智能化技术和数字化手段,实现海洋石油生产过程智能化的一种石油开采模式。传统的海洋石油平台存在着生产效率低、安全性低和影响海洋环境等问题。随着现代智能化技术的发展,海洋石油平台正逐步走向智能化。智慧海洋石油平台在传统海洋石油平台的基础上引入智能化技术,带来了以下优势。

首先,提高了石油的生产效率。智慧海洋石油平台通过集成传感器、物联网和大数据技术,实现对设备状态、生产过程和能源消耗的实时监测和分析,并根据实际情况做出相应的决策和调整,提高了生产效率和经济效益。

其次,提升了生产过程的安全性。智慧海洋石油平台通过智能化的监测系统和预警机制,可以实时监测和识别潜在的安全隐患,如气体泄漏、火灾、设备故障等。通过数据分析和实时决策支持,可以及时采取措施防止事故发生,保障平台及其人员的安全[44]。

最后,降低了对环境的影响。智慧海洋石油平台通过智能化技术实现对废气、废水、噪声等环境因素的监测和控制,对实时数据的收集和分析,可以及时发现和解决环境问题,减少对海洋生态环境的影响,并且通过优化能源利用和减排措施,降低碳排放和环境污染。

总体而言,智慧海洋石油平台引入智能化技术,提升了安全性、提高了生产效率、降低了环境影响,同时强化了设备维护管理和实现了智能化管理。这些优势将为海洋石油开发行业带来更安全、高效、可持续的发展。

6.6　本　章　小　结

本章重点介绍了海洋土木工程技术瓶颈与发展趋势、数据时代海洋土木工程信息智能化以及海洋智能土木工程与智慧海洋三部分内容。其中，第一部分重点介绍了三种常见传感器的技术瓶颈与发展趋势、数据传输技术的技术瓶颈与发展趋势、数据处理技术的技术瓶颈与发展趋势、海洋土木工程新能源技术介绍与发展趋势、海洋土木工程材料介绍与展望。第二部分重点介绍了海洋信息采集传感器、海洋立体传感器网络以及数据实时分析处理系统，为实现智能土木工程与智慧海洋提供必要的技术支撑。第三部分重点介绍了海洋智能土木工程与智慧海洋，描述了智慧海洋中海上交通、海洋牧场和海洋石油平台的发展趋势，并详细阐述了智能化带来的优势。通过本章内容的学习，能够了解现阶段海洋土木工程技术瓶颈与发展趋势，并掌握数据时代海洋土木工程信息智能化的重要技术手段，最终更好地理解海洋智能土木工程与智慧海洋的实现方法和智能化为其带来的优势。

参　考　文　献

[1] HERBKO M, LOPATO P. Microstrip patch strain sensor miniaturization using Sierpinski curve fractal geometry[J]. Sensors, 2019, 19(18): 3989.

[2] 韦勇标. 过盈装配工艺中压装过程监控技术研究[J]. 装备制造技术, 2013(5): 149-150.

[3] 才海男, 周兆英, 李勇, 等. 微硅加速度传感器的动态特性补偿方法研究[J]. 宇航计测技术, 1998, 18(2): 49-54.

[4] RUGAR D, MAMIN H J, ERLANDSSON R, et al. Force microscope using a fiber-optic displacement sensor[J]. Review of scientific instruments, 1988, 59(11): 2337-2340.

[5] 盛国阳. 浅析计算机网络安全问题与防火墙技术[J]. 企业导报, 2014(3): 161, 163.

[6] 尹晶晶, 徐振峰. 一种可靠低功耗的温室无线监控系统[J]. 河北北方学院学报(自然科学版), 2018, 34(9): 10-16.

[7] YANG Q, ZHANG P, ZHU L, et al. Key fundamental problems and technical bottlenecks of the wireless power transmission technology[J]. Transactions of China electrotechnical society, 2015, 30(5): 1-8.

[8] FAN X, MO X, ZHANG X. Research status and application of wireless power transmission technology[J]. Proceedings of the Chinese society of electrical engineering, 2015, 35(10): 2584-2600.

[9] 乔羽, 孟彩霞. 浅析大数据的处理技术[J]. 数码世界, 2018(3): 265.

[10] 高维来. 分布式光伏并网发电系统的应用分析[J]. 现代工业经济和信息化, 2023 , 13(2): 130-131, 134.

[11] 王伟, 王鹏程, 白宝, 等. 家用太阳能热电联供系统运行模式研究[J]. 制冷与空调（四川）, 2013, 27(5): 522-526.

[12] 国家统计局工业统计司. 中国工业统计年鉴-2020[M]. 北京: 中国统计出版社, 2020.

[13] 王传崑, 卢苇. 海洋能资源分析方法及储量评估[M]. 北京: 海洋出版社, 2009.

[14] 郭红玉, 殷刚. 波浪能发电技术研究[J]. 能源与节能, 2013(9): 52-53.

[15] 陈伟, 李旭斌, 纪青春, 等. 一种基于关联集和可用度的光伏发电系统维护策略[J]. 电力系统保护与控制, 2022, 50(14): 94-104.

[16] 廖圣瑄, 陈可仁. 能源岛: 深远海域海上风电破局关键[J]. 能源, 2021(5): 46-49.

[17] MIKI C, HOMMA K, TOMINAGA T. High strength and high performance steels and their use in bridge structures[J]. Journal of constructional steel research, 2002, 58(1): 3-20.

[18] ELSISY A R, SHAO Y B, ZHOU M, et al. A study on the compressive strengths of stiffened and unstiffened concrete-filled austenitic stainless steel tubular short columns[J]. Ocean engineering, 2022, 248: 110793.

[19] RAHEEM S E A. Nonlinear behaviour of steel fixed offshore platform under environmental loads[J]. Ships and offshore structures, 2016, 11:1-15.

[20] 王祝堂. 沈阳金属所钛合金团队发明 Ti 62A 成全"奋斗者"[J]. 轻金属, 2021(10): 18.

[21] PHALEN T, PRESCOTT C N, ZHANG J, et al. Update on subsea LNG pipeline technology[C]. Offshore Technology Conference, Houston, Texas, USA, 2007.

[22] TROCONIS DE RINCÓN O, TORRES-ACOSTA A, SAGÜÉS A, et al. Galvanic anodes for reinforced concrete structures: a review[J]. Corrosion, 2018, 74(6): 715-723.

[23] RESNER L, PASZKIEWICZ S. Radial water barrier in submarine cables, current solutions and innovative development directions[J]. Energies, 2021, 14(10): 2761.

[24] GARTNER N, KOSEC T, LEGAT A. Monitoring the corrosion of steel in concrete exposed to a marine environment[J]. Materials, 2020, 13(2): 407.

[25] SUN X J, HUANG D G, WU G Q. The current state of offshore wind energy technology development[J]. Energy, 2012, 41(1): 298-312.

[26] SWOLFS Y. Perspective for fibre-hybrid composites in wind energy applications[J]. Materials, 2017, 10(11): 1281.

[27] 张晓霞. 热电偶传感器的原理与发展应用[J]. 电子技术与软件工程, 2016(6): 107.

[28] 赵勇, 胡开博, 陈世哲, 等. 海水盐度检测技术的最新进展[J]. 光电工程, 2008, 35(11): 38-44.

[29] 苗润杰, 曲萌, 邢国建. 简析长期水文站的建设方法[J]. 港工技术, 2018, 55(S1): 140-143.

[30] 李东峰, 韩磊. 潮位仪与 GPS 测定水面高程的方法研究及应用[J]. 测绘与空间地理信息, 2020, 43(5): 147-149.

[31] 王亚洲. 深海单点系泊海洋浮标锚泊系统研究[D]. 青岛: 中国海洋大学, 2013.

[32] 高琳, 赵进平, 范秀涛, 等. 北欧海海气浮标观测数据质量评估和特征分析[J]. 中国海洋大学学报(自然科学版), 2023, 53(6): 1-16.

[33] CUI W C, LIU F, HU Z, et al. On 7,000 m sea trials of the manned submersible Jiaolong[J]. Marine technology society journal, 2013, 47(1): 67-82.

[34] 高峰. 妙趣横生的海底机器人[J]. 中国海事, 2016(4): 75.

[35] 陈文锋, 刘果. 复杂海洋地质对海底光缆工程的影响研究[J]. 铁道建筑技术, 2023(3): 52-56.

[36] 曹梅月. 大日—日本公司的交联聚乙烯绝缘高压电缆[J]. 电线电缆, 1988(3): 22-24.

[37] 冯黎, 杜翔. 移动设备大数据分析的公安运用分析[J]. 中国科技投资, 2019(9): 218.

[38] BUYYA R, 陈涛. 云计算原理和模式[J]. 国外科技新书评介, 2012(4): 23-24.

[39] 董贵山, 王正, 刘振钧. 基于大数据的数字海洋系统及安全需求分析[J]. 通信技术, 2015, 48(5): 573-578.

[40] 王凡, 冯立强, 曹荣强. 大数据驱动的海洋人工智能服务平台设计与应用[J]. 数据与计算发展前沿, 2023, 5(2): 73-85.

[41] 孙永福, 杜星, 宋玉鹏, 等. 人工智能在海洋工程地质领域的应用[J]. 海岸工程, 2022, 41(4): 340-350.

[42] 崔国谨. 基于人工智能和数字孪生技术的码头全周期健康监测应用研究[J]. 珠江水运, 2023(9): 6-8.

[43] 王恩辰, 韩立民. 浅析智慧海洋牧场的概念、特征及体系架构[J]. 中国渔业经济, 2015, 33(2): 11-15.

[44] 高志锦. 浅谈海洋石油开采安全生产管理中存在的问题及对策[J]. 中国石油和化工标准与质量, 2023, 43(2): 33-35.